普通高等教育"十一五"国家级规划教材配套参考书

《模拟电子电路及技术基础(第三版)》 教、学指导书

主　编　孙肖子

副主编　朱天桥

参　编　王新怀　顾伟舟　邓　军

U0159693

西安电子科技大学出版社

内 容 简 介

本书是配合孙肖子主编的《模拟电子电路及技术基础(第三版)》(西安电子科技大学出版社,2017)教材而编写的教、学指导书。其主要内容包括该教材的使用指南(教材特点、教学方法、重点与难点等),建议的授课学时数分配,各章习题类型分析及例题精解、各章练习题及解答等。希望本书对从事模拟电子电路及技术基础课程教与学的老师和广大同学以及自学的同志们能有所帮助。

图书在版编目(CIP)数据

《模拟电子电路及技术基础(第三版)》教、学指导书/孙肖子主编.
—西安:西安电子科技大学出版社,2021.8(2025.1重印)
ISBN 978-7-5606-6092-9

Ⅰ.①模… Ⅱ.①孙… Ⅲ.①模拟电路—高等学校—教学参考资料 Ⅳ.①TN710

中国版本图书馆 CIP 数据核字(2021)第 124183 号

责任编辑 刘玉芳
出版发行 西安电子科技大学出版社(西安市太白南路2号)
电   话 (029)88202421 88201467   邮 编 710071
网   址 www.xduph.com   电子邮箱 xdupfxb001@163.com
经   销 新华书店
印刷单位 西安日报社印务中心
版   次 2021年8月第1版 2025年1月第2次印刷
开   本 787毫米×1092毫米 1/16 印张 13
字   数 307千字
定   价 35.00元
ISBN 978-7-5606-6092-9

XDUP 6394001-2
＊＊＊如有印装问题可调换＊＊＊

前　言

　　本书是配合孙肖子主编，孙肖子、赵建勋、王新怀、朱天桥、顾伟舟编著的《模拟电子电路及技术基础(第三版)》(西安电子科技大学出版社，2017)教材而编写的教、学指导书。其目的是帮助从事模拟电子电路及技术基础课程教学的教师更好地实施教学，开展互相交流和教学研究，以进一步提高教学质量；帮助学习该课程的同学和广大读者更好地掌握该课程的基本概念、基本电路、基本分析方法及应用技术。

　　本书内容结构如下：

第一部分　《模拟电子电路及技术基础(第三版)》教材使用说明

一、本课程的特点及教学方法、学习方法指导
二、本教材授课学时数的分配(供参考)

第二部分　各章基本要求、习题类型分析及例题精解、练习题及解答

附录　模拟试题及答案

　　本书由孙肖子负责总策划，孙肖子、朱天桥、王新怀、顾伟舟、邓军参与编写，朱天桥负责全书统稿。特别感谢电子工程学院的张企民和赵建勋老师，两位老师长期从事模拟技术课程和教材建设，此次虽没有参与编写，但他们留给我们的许多宝贵经验对新版指导书的编写是非常有帮助的。西安电子科技大学出版社的刘玉芳编辑等相关工作人员为本书的出版付出了辛勤劳动。在此，谨对为本书编写和出版提供过帮助的所有人员表示最衷心的感谢！

　　作者希望本书的出版对广大教师、同学、有志考研者和自学的同志们能有所帮助。

　　由于受时间和水平所限，书中可能存在不足之处，请广大读者指正。

编　者
2021 年 3 月于西安电子科技大学

目　录

第一部分　《模拟电子电路及技术基础(第三版)》教材使用说明 ……………… 1

第二部分　各章基本要求、习题类型分析及例题精解、练习题及解答 ………… 4

第一章　绪论 ………………………………………………………………… 4

1.1　基本要求 …………………………………………………………………… 4

1.2　习题类型分析及例题精解 ………………………………………………… 4

第二章　集成运算放大器的基本应用电路 …………………………………… 8

2.1　基本要求及重点、难点 …………………………………………………… 8

2.2　习题类型分析及例题精解 ………………………………………………… 8

2.3　练习题及解答 ……………………………………………………………… 22

第三章　基于集成运放和 RC 反馈网络的有源滤波器 ……………………… 40

3.1　基本要求及重点、难点 …………………………………………………… 40

3.2　习题类型分析及例题精解 ………………………………………………… 40

3.3　练习题及解答 ……………………………………………………………… 45

第四章　常用半导体器件原理及特性 ………………………………………… 56

4.1　基本要求及重点、难点 …………………………………………………… 56

4.2　习题类型分析及例题精解 ………………………………………………… 56

4.3　练习题及解答 ……………………………………………………………… 65

第五章　双极型晶体三极管和场效应管放大器基础 ………………………… 76

5.1　基本要求及重点、难点 …………………………………………………… 76

5.2　习题类型分析及例题精解 ………………………………………………… 76

5.3　练习题及解答 ……………………………………………………………… 88

第六章　集成运算放大器内部电路 …………………………………………… 98

6.1　基本要求及重点、难点 …………………………………………………… 98

6.2　习题类型分析及例题精解 ………………………………………………… 98

6.3　练习题及解答 ……………………………………………………………… 101

第七章　放大器的频率响应 …………………………………………………… 111

7.1　基本要求及重点、难点 …………………………………………………… 111

7.2 习题类型分析及例题精解 ……………………………………………………… 111

7.3 练习题及解答 ………………………………………………………………… 117

第八章 反馈 ………………………………………………………………… 124

8.1 基本要求及重点、难点 ……………………………………………………… 124

8.2 习题类型分析及例题精解 ……………………………………………………… 124

8.3 练习题及解答 ………………………………………………………………… 133

第九章 特殊用途的集成运算放大器及其应用 ……………………………… 142

9.1 基本要求及重点、难点 ……………………………………………………… 142

9.2 习题类型分析及例题精解 ……………………………………………………… 142

9.3 练习题及解答 ………………………………………………………………… 144

第十章 集成运算放大器的非线性应用 ……………………………………… 147

10.1 基本要求及重点、难点 ……………………………………………………… 147

10.2 习题类型分析及例题精解 …………………………………………………… 147

10.3 练习题及解答 ………………………………………………………………… 153

第十一章 低频功率放大电路 ……………………………………………… 173

11.1 基本要求及重点、难点 ……………………………………………………… 173

11.2 习题类型分析及例题精解 …………………………………………………… 173

11.3 练习题及解答 ………………………………………………………………… 175

第十二章 电源及电源管理 ………………………………………………… 182

12.1 基本要求及重点、难点 ……………………………………………………… 182

12.2 习题类型分析及例题精解 …………………………………………………… 182

12.3 练习题及解答 ………………………………………………………………… 183

附录 ………………………………………………………………………… 188

模拟试题(一) …………………………………………………………………… 188

模拟试题(二) …………………………………………………………………… 193

模拟试题(一)答案 ……………………………………………………………… 197

模拟试题(二)答案 ……………………………………………………………… 200

第一部分 《模拟电子电路及技术基础(第三版)》教材使用说明

一、本课程的特点及教学方法、学习方法指导

"模拟电子电路及技术基础"课程是电子信息类专业一门重要的专业基础课程,主要介绍电子器件、电子电路和技术应用。其特点是将电路理论扩展到包含有源非线性器件(晶体管、场效应管、集成运放、电压比较器等)的电子电路中。本课程"直面应用",其概念性、工程性、实践性都很强。本着"打好基础、学以致用"的教学理念,我们对该课程做了重大改革,即实行"先集成、后分立""先宏观、后微观""先外部、后内部",从系统应用入手,与"电路分析基础"课接口的原则,让学生首先掌握集成电路的外部特性及其在诸多领域的应用,然后再带着问题去探究集成电路内部元器件及电路的实现原理。实验课也做了相应的改革。实践证明,这种改革方案符合人们的认识规律,学生反映,学习该课"很有意思""目的性很明确",变"被动学习"为"主动学习",变"要我学"为"我要学",变"没有意思,学了没什么用"为"快乐学习"。

根据内容多、学时数少的具体情况,我们主张"以路为主""管路结合"。对于电路,要注重电路的组成原理、元件对性能的影响、电路的应用背景以及快捷的工程近似估算分析法,将重点放在集成电路的应用上。对于器件,要注重物理概念,掌握电压、电流的控制关系。在教学中要引导学生充分利用现代 EDA 工具和网络资源,让学生了解现代电子学分析和设计理念及方法。

对于广大同学和读者,根据本课程的特点,我们提倡:

注重物理概念,采用工程观点;
重视实验技术,善于总结对比;
理论联系实际,注意应用背景;
寻求内在规律,增强抽象能力。

以期较好、较快地掌握器件与电路的基本工作原理和基本分析方法,并具备本课程学习后所应有的基本工程应用和设计能力。

二、本教材授课学时数的分配(供参考)

西安电子科技大学电子工程学院本课程采用线上线下混合式教学,总学时___56___学时,其中:线下讲授___48___学时,线上自主学习___16___学时(线上2个课时计1个)。

《模拟电子电路及技术基础(第三版)》教材授课学时分配表(供参考)

章节号		课 程 内 容	学时		教学方式
一		绪论	2		线下讲授
二		**集成运算放大器的基本应用电路**			
	1	集成运放基本概念:符号、模型、理想运放条件、传输特性,引入深度负反馈——扩大线性动态范围等	1	5	线下讲授
	2	集成运放线性应用电路:比例放大器、相加器、相减器、积/微分器、V/I和I/V变换电路等	4		
	3	部分例题和应用电路的分析和计算	2	2	线上学习
三	1	基于集成运放和RC反馈网络的有源滤波器	2		线下讲授
	2	部分例题和应用电路的分析、计算	1		线上学习
四		**常用半导体器件原理及特性**			
	1	半导体物理基础、PN结及其特性	2	10	线下讲授
	2	二极管、稳压管的模型、特点及其应用电路	3		线下讲授
	3	晶体三极管的工作原理、特性曲线和交流微变等效模型	2.5		线下讲授
	4	JFET、MOSFET的工作原理、特性曲线和交流微变等效模型	2.5		线下讲授
	5	部分例题和应用电路的分析、计算	2	2	线上学习
五		**双极型晶体三极管和场效应管放大器基础**			
	1	放大器组成原理,直流偏置电路及交、直流通路,图解分析法	3	10	线下讲授
	2	交流小信号模型及三种基本组态放大电路的分析和计算	3		线下讲授
	3	场效应管放大电路的分析和计算	2		线下讲授
	4	多级放大器电路的分析和计算	2		线下讲授
	5	部分例题和应用电路的分析、计算	2	2	线上学习
六		**集成运算放大器内部电路**			
	1	集成运放的特点,恒流源电路的分析和计算	1	4	线下讲授
	2	差动放大电路分析和主要性能指标计算,差动放大电路的传输特性及应用,集成运放的输出电路	3		线下讲授
	3	典型集成运放电路举例和部分例题的分析、计算	2	2	线上学习

章节号		课 程 内 容	学时		教学方式
七		**放大器的频率响应**			
	1	频率响应与频率失真，晶体管高频小信号模型	1	4	线下讲授
	2	三种基本组态放大电路的高频响应分析	2		线下讲授
	3	场效应管放大电路的高频响应分析，放大电路的低频响应分析，多级放大电路的频率响应分析	1		线下讲授
	4	部分例题和应用电路的分析、计算	1	1	线上学习
八		**反 馈**			
	1	负反馈放大器框图、反馈方程，反馈类型及判别	1	5	线下讲授
	2	负反馈对放大电路性能的影响	1		线下讲授
	3	负反馈放大电路的分析和近似计算	3		线下讲授
	4	反馈放大电路稳定性分析和相位补偿，部分例题的分析和计算	2	2	线上学习
十		**集成运算放大器的非线性应用**			
	1	对数/反对数电路、精密整流电路、峰值检波电路、简单电压比较器和迟滞比较器的电路分析、计算	3	4	线下讲授
	2	弛张振荡器电路的分析、计算	1		线下讲授
	3	部分例题和应用电路的分析、计算	1.5	1.5	线上学习
十一		**低频功率放大电路**			
	1	低频功率放大电路的分析、计算	2		线下讲授
	2	部分例题和应用电路的分析、计算	1		线上学习
十二		电源及电源管理：整流、滤波、串联型线性稳压电路和集成三端稳压器的应用	1.5		线上学习

注 1：表中线上学习部分合计 16 学时，学生可通过孙肖子教授负责建设的国家级精品在线开放课程"中国大学 MOOC－模拟电子电路与技术基础"自主在线学习。

注 2：第九章特殊用途的集成运算放大器及其应用作为课外阅读，学生自学，不作课时要求。

第二部分　各章基本要求、习题类型分析及例题精解、练习题及解答

第一章　绪　论

1.1　基本要求

（1）了解模拟信号、采样数据信号、数字信号的特点和区别，认识模拟信号处理及模拟电路的重要性。

（2）熟识放大器的模型，根据输入量、输出量、受控源的不同，有电压放大器(电压增益)、电流放大器(电流增益)、互导放大器(互导增益)、互阻放大器(互阻增益)之分。

（3）深入了解放大器的主要性能指标：放大倍数(增益)、输入电阻、输出电阻、频率响应、非线性失真系数(全谐波失真系数)等。

（4）了解反馈的基本概念，负反馈、正反馈的基本含义。

1.2　习题类型分析及例题精解

本章习题可分为以下三类：

（1）对模拟信号、数字信号、采样数据信号的认识；

（2）求放大器的模型及主要性能指标；

（3）当放大器与信号源以及负载相连时，分析输入电阻、输出电阻对放大器增益的影响。

【例 1-1】　放大器模型如图 1-1 所示，已知输出开路电压增益 $A_{uo}=10$，试分析、计算下列情况下的源电压增益 $A_{us}=\dfrac{\dot{U}_o}{\dot{U}_s}$。

（1）$R_i=10R_s$，$R_L=10R_o$；

（2）$R_i=R_s$，$R_L=R_o$；

（3）$R_i=\dfrac{R_s}{10}$，$R_L=\dfrac{R_o}{10}$；

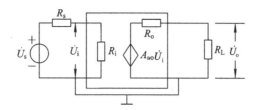

图 1 − 1   例 1 − 1 图

(4) $R_i = 10R_s$，$R_L = \dfrac{R_o}{10}$。

解   (1)
$$\dot{U}_i = \frac{R_i}{R_s + R_i}\dot{U}_s = \frac{10R_s}{R_s + 10R_s}\dot{U}_s = \frac{10}{11}\dot{U}_s$$

$$\dot{U}_o = A_{uo}\dot{U}_i \frac{R_L}{R_o + R_L} = 10 \times \frac{10}{11}\dot{U}_s \frac{10R_o}{R_o + 10R_o}$$

$$= 10 \times \frac{10}{11} \times \frac{10}{11}\dot{U}_s$$

因此
$$A_{us} = \frac{\dot{U}_o}{\dot{U}_s} = 10 \times \frac{10}{11} \times \frac{10}{11} = 8.264$$

(2) $A_{us} = \dfrac{\dot{U}_o}{\dot{U}_s} = \dfrac{\dot{U}_i}{\dot{U}_s} \times \dfrac{\dot{U}_o}{\dot{U}_i} = \dfrac{1}{2} \times 10 \times \dfrac{1}{2} = 2.5$。

(3) 同理，$A_{us} = \dfrac{\dot{U}_o}{\dot{U}_s} = \dfrac{\dot{U}_i}{\dot{U}_s} \times \dfrac{\dot{U}_o}{\dot{U}_i} = \dfrac{0.1}{1.1} \times 10 \times \dfrac{0.1}{1.1} = 0.0826$。

(4) 同理，$A_{us} = \dfrac{\dot{U}_o}{\dot{U}_s} = \dfrac{\dot{U}_i}{\dot{U}_s} \times \dfrac{\dot{U}_o}{\dot{U}_i} = \dfrac{10}{11} \times 10 \times \dfrac{0.1}{1.1} = 0.826$。

【例 1 − 2】   放大器模型如图 1 − 1 所示，已知 $R_s = 1 \ \text{k}\Omega$，$R_L = 2 \ \text{k}\Omega$，用示波器测得 $u_s = 1 \ \sin\omega t (\text{V})$，$u_i = 0.8 \ \sin\omega t (\text{V})$，将 R_L 开路，测得 $u_o' \overset{R_L \to \infty}{=} 5 \ \sin\omega t (\text{V})$，接上 R_L 后，测得 $u_o = 4 \ \sin\omega t (\text{V})$，试求：

(1) R_i、R_o、A_{uo} 及 A_{us} 的值；

(2) 电流放大倍数；

(3) 功率放大倍数。

解   (1)
$$R_i = \frac{\dot{U}_i}{\dot{U}_s - \dot{U}_i}R_s = \frac{0.8}{1 - 0.8} \times 1 \ \text{k}\Omega = 4 \ \text{k}\Omega$$

$$A_{uo} = \frac{\dot{U}_o}{\dot{U}_i}\bigg|_{R_L \to \infty} = \frac{5}{0.8} = 6.25$$

$$R_o = \frac{\dot{U}_o' - \dot{U}_o}{\dot{U}_o} \times R_L = \frac{5 - 4}{4} \times 2 \ \text{k}\Omega = 0.5 \ \text{k}\Omega$$

(式中：$\dot{U}_o'$ 为 $R_L \to \infty$ 时的输出电压值，$\dot{U}_o$ 为 $R_L = 2 \ \text{k}\Omega$ 时的输出电压值。)

$$A_{us} = \frac{\dot{U}_o}{\dot{U}_s} = \frac{\dot{U}_i}{\dot{U}_s} \times \frac{\dot{U}_o}{\dot{U}_i} = \frac{0.8}{1} \times \frac{4}{0.8} = 4$$

(2) 电流放大倍数：

$$A_i = \frac{\dot{I}_o}{\dot{I}_i} = \frac{\dot{U}_o/R_L}{\dot{U}_i/R_i} = \frac{4 \text{ V}/2 \text{ k}\Omega}{0.8 \text{ V}/4 \text{ k}\Omega} = 10$$

（3）功率放大倍数：

$$A_P = \frac{P_o}{P_i} = \frac{\frac{1}{2}\dot{U}_o\dot{I}_o}{\frac{1}{2}\dot{U}_i\dot{I}_i} = \frac{4 \text{ V} \times 2 \text{ mA}}{0.8 \text{ V} \times 0.2 \text{ mA}} = 50$$

$$A_{Ps} = \frac{P_o}{P_s} = \frac{\frac{1}{2}\dot{U}_o\dot{I}_o}{\frac{1}{2}\dot{U}_s\dot{I}_i} = \frac{4 \text{ V} \times 2 \text{ mA}}{1 \text{ V} \times 0.2 \text{ mA}} = 40$$

【例 1-3】 有三级放大器，第一级为高输入阻抗型（$R_{i1} = 1 \text{ M}\Omega$，$A_{uo} = 10$，$R_{o1} = 10 \text{ k}\Omega$）；第二级为高增益型（$R_{i2} = 10 \text{ k}\Omega$，$A_{uo} = 100$，$R_{o2} = 1 \text{ k}\Omega$）；第三级为低输出电阻型（$R_{i3} = 10 \text{ k}\Omega$，$A_{uo} = 1$，$R_{o3} = 20 \text{ }\Omega$）。现有信号源电压 $\dot{U}_s = 30 \text{ mV}$，内阻 $R_s = 0.5 \text{ M}\Omega$，将三级放大器级联驱动 $100 \text{ }\Omega$ 的负载，求：

（1）负载得到的电压 U_L；

（2）流过负载的电流 I_L；

（3）负载得到的功率 P_L。

解 因为信号源内阻大（$R_s = 0.5 \text{ M}\Omega$）、负载小（$R_L = 100 \text{ }\Omega$），所以为了有效传输与放大信号，三级放大器级联如图 1-2 所示。

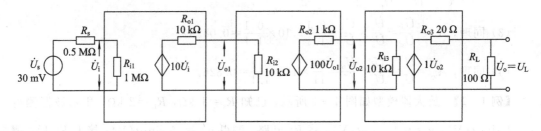

图 1-2 例 1-3 图

（1）求负载得到的电压 U_L：

$$A_{us} = \frac{U_L}{\dot{U}_s} = \frac{\dot{U}_i}{\dot{U}_s} \times \frac{\dot{U}_{o1}}{\dot{U}_i} \times \frac{\dot{U}_{o2}}{\dot{U}_{o1}} \times \frac{U_L}{\dot{U}_{o2}}$$

$$= \left(\frac{R_{i1}}{R_s + R_{i1}}\right) \times \left(\frac{R_{i2}}{R_{o1} + R_{i2}} \times 10\right) \times \left(\frac{R_{i3}}{R_{o2} + R_{i3}} \times 100\right) \times \left(\frac{R_L}{R_{o3} + R_L} \times 1\right)$$

$$= \frac{1}{0.5 + 1} \times \frac{10}{10 + 10} \times 10 \times \frac{10}{1 + 10} \times 100 \times \frac{100}{20 + 100} \times 1$$

$$= 0.66 \times 5 \times 90.9 \times 0.833 \approx 250$$

因此

$$U_L = A_{us} \times \dot{U}_s = 250 \times 30 \text{ mV} = 7.5 \text{ V}$$

（2）求流过负载的电流：

$$I_L = \frac{U_L}{R_L} = \frac{7.5 \text{ V}}{0.1 \text{ k}\Omega} = 75 \text{ mA}$$

（3）求负载得到的功率：

$$P_L = I_L U_L = 75 \text{ mA} \times 7.5 \text{ V} \approx 0.563 \text{ W}$$

【例1-4】 （1）有一个方波，经放大器放大后的波形产生了畸变（如图1-3(a)所示），试问该放大器产生了什么失真？产生失真的原因是什么？

（2）有一个正弦波，经放大器放大后的波形产生了畸变（如图1-3(b)所示），试问该放大器产生了什么失真？产生失真的原因是什么？

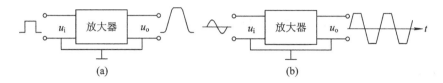

图1-3 例1-4图

解 （1）输出方波边缘变差是因为放大器产生了线性失真，即波形的高频分量受到损失，原因是放大器内部存在电容，使其对高频分量的放大倍数比低频分量的放大倍数小。

（2）该放大器产生了非线性失真，使输入正弦波变成非正弦波输出，输出含有输入所没有的新的谐波分量，产生了新的频率成分，原因是放大器中存在非线性元件，使输出波形产生限幅。

【例1-5】 有一个放大器的对数振幅频率响应如图1-4所示，试求：

（1）中频放大倍数或低频放大倍数 A_{u1}；

（2）上限频率 f_H；

（3）下限频率 f_L。

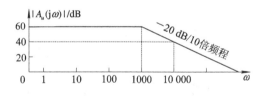

图1-4 例1-5图

解 （1）中频放大倍数或低频放大倍数

$$A_{u1} = 60 \text{ dB} \quad \text{即} \quad A_{u1} = 1000$$

（2）上限频率

$$f_H = \frac{\omega_H}{2\pi} = \frac{1000 \text{ rad/s}}{2\pi} = 159.23 \text{ Hz}$$

（3）下限频率

$$f_L = 0 \text{ Hz}$$

第二章　集成运算放大器的基本应用电路

2.1　基本要求及重点、难点

1. 基本要求

（1）了解集成运算放大器的符号、模型、理想运放条件和电压传输特性。

（2）理解在理想集成运放条件下，电路引入深度负反馈对电路性能的影响，掌握"虚短""虚断"和"虚地"的概念。

（3）熟练掌握理想集成运放基本应用电路（包括同相/反相比例放大，同相/反相相加、相减，积分，微分，V/I 和 I/V 变换电路）的分析、计算，对于给定电路能判断电路类型，计算主要参数，绘制输出波形和传输特性；能够根据给定输入/输出关系式和电路功能，选择并设计电路。

（4）了解集成运算放大器主要技术指标的含义，了解实际集成运放电路的非理想特性对实际应用的限制，包括输入失调电压、输入偏置电流、有限的开环增益、带宽和压摆率对电路的影响。

2. 重点、难点

重点：各种集成运放基本应用电路的分析、计算和设计。

难点：集成运放电路的分析、设计和集成运放电路的非理想特性对实际应用的影响。

2.2　习题类型分析及例题精解

本章习题类型主要有分析计算题和设计题。

分析计算类题目一般是给定电路，要求分析电路所完成的功能，计算输入/输出关系式，求放大倍数、传输函数或画出电压传输特性、输出波形等。

设计类题目一般是给定设计要求及电路特性，要求选择电路结构，设计、计算满足性能指标的电路元件值。

"分析"与"设计"是最主要的两大类题目。

1. 分析计算题解题技巧

（1）一定要仔细观察电路结构，注意元件的数量级，与已掌握的电路对比，逐级判断电路的功能。

（2）正确运用"虚短""虚地"概念，以及理想运放条件。

只有在电路引入深度负反馈的条件下，才可以运用"虚短""虚地"概念，即 $U_+ = U_-$。也只有运放满足理想条件，即 $A_u \to \infty$，$R_i \to \infty$，$R_o \to 0$，才有运放输入电流 $i'_i = 0$；在线性运用范围内可视为 $U_+ = U_-$；负载变化对输出电压影响不大等。这里特别提醒大家：运放

输入电流 $i_i'=0$，但输出电流 i_o 一定不为零，流过负载及反馈支路的电流都是由运放输出电流 i_o 供给的。运放的驱动能力有限，一般 i_o 最大为几毫安或几十毫安，所以所有电阻都不可以太小，否则运放不能输出那么大的电流。运放输出电压摆动范围也是有限的，在分析设计中要注意，否则会出现限幅现象。

（3）关于引入负反馈问题，需要注意。一般情况下，从运放输出端直接经过一阻抗网络将反馈引向运放的反相输入端，以保证实现深度负反馈。但如果反馈回路中包含有源器件，则要判断该有源器件构成的电路是否已将信号反相，若已经反相（如下面例 2-1 中的图 2-1(b)所示电路），则反馈应引到运放的同相端，以保证整体电路引入"负反馈"。

【例 2-1】 电路如图 2-1 所示。

（1）判断正、负反馈类型；

（2）计算输入输出关系式。

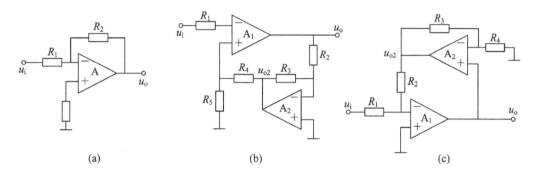

(a)   (b)   (c)

图 2-1 例 2-1 的电路图

解 （1）(a)图引入了负反馈，故

$$A_{uf} = \frac{u_o}{u_i} = -\frac{R_2}{R_1}$$

（2）(b)图引入了负反馈。因为 u_o 与 u_i 反相，u_o 经 A_2、R_3、R_2 构成的反相比例放大器反相放大，再经 R_4 和 R_5 分压后加到 A_1 的同相输入端，U_+ 与 U_- 同相相减，所以是负反馈。可根据"虚短"概念，得出

$$U_i = U_- = U_+ = \frac{R_5}{R_4 + R_5} U_{o2} = \frac{R_5}{R_4 + R_5} \left(-\frac{R_3}{R_2} U_o\right)$$

因此

$$A_{uf} = \frac{U_o}{U_i} = -\left(1 + \frac{R_4}{R_5}\right)\left(\frac{R_2}{R_3}\right)$$

（3）(c)图也引入了负反馈。因为 u_o 与 u_i 反相，而 u_o 又经 A_2、R_3、R_4 组成的同相比例放大器放大后，再经 R_2 引向 A_1 的反相端，所以仍然引入了负反馈，故 $U_- = U_+ = 0$，A_1 反相端为"虚地"，则

$$A_{uf} = \frac{U_o}{U_i} = \frac{U_{o2}}{U_i} \times \frac{U_o}{U_{o2}} = \left(-\frac{R_2}{R_1}\right) \times \left(\frac{R_4}{R_3 + R_4}\right)$$

2. 多级运算电路的求解——分解技术

多级运算电路要分解成单级运算电路来求解，而任何复杂电路又可分解为典型的反相比例运算电路和同相比例运算电路。可将比例放大器的 R_1、R_2 扩展为 Z_1、Z_2，若 Z_1、Z_2

中含有电容或电感，则用容抗$\left(\dfrac{1}{j\omega C}\right)$或感抗$(j\omega L)$来参与运算。

【**例 2 - 2**】 电路如图 2 - 2 所示，求传输函数 $A_{uf}(j\omega)=\dfrac{U_o(j\omega)}{U_i(j\omega)}=?$

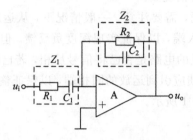

图 2 - 2　例 2 - 2 电路图

解
$$A_{uf}(j\omega)=\frac{U_o(j\omega)}{U_i(j\omega)}=-\frac{Z_2}{Z_1}=-\frac{R_2 \, // \, \dfrac{1}{j\omega C_2}}{R_1+\dfrac{1}{j\omega C_1}}$$

$$=\frac{-R_2}{\left(R_1+\dfrac{1}{j\omega C_1}\right)(1+j\omega R_2 C_2)}$$

$$=\frac{-j\omega R_2 C_1}{(1+j\omega R_1 C_1)(1+j\omega R_2 C_2)}$$

3. 叠加原理的应用

当电路中存在多个输入信号时，可应用叠加原理来处理，即分别计算单个信号独立作用电路所获得的输出结果，然后将所有信号的作用结果相加即可。假如电路是多级级联的，则仍然将其分解为单级电路来计算。

【**例 2 - 3**】 电路如图 2 - 3 所示，试分析计算输入输出关系。

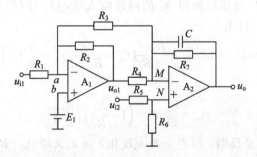

图 2 - 3　例 2 - 3 电路图

解　该电路由两级组成，且有三个输入信号（u_{i1}，E_1，u_{i2}），将电路分解成两级，然后用叠加原理计算，如图 2 - 4(a)、(b) 所示。

由"虚短"概念，得
$$U_M=U_N=\frac{R_6}{R_5+R_6}u_{i2}$$

$$U_a=U_b=E_1$$

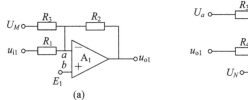 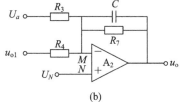

图 2-4 例 2-3 的分解电路

由图 2-4(a)，根据叠加原理，得

$$u_{o1} = -\frac{R_2}{R_1}u_{i1} - \frac{R_2}{R_3}U_M + \left(1 + \frac{R_2}{R_1 /\!/ R_3}\right)E_1$$

由图 2-4(b)，根据叠加原理，得

$$u_o = -\frac{\left(R_7 /\!/ \dfrac{1}{\mathrm{j}\omega C}\right)}{R_3}U_a - \frac{\left(R_7 /\!/ \dfrac{1}{\mathrm{j}\omega C}\right)}{R_4}u_{o1} + \left[1 + \frac{\left(R_7 /\!/ \dfrac{1}{\mathrm{j}\omega C}\right)}{R_3 /\!/ R_4}\right]U_N$$

4. 绘制波形类题目

此类题目一般已知电路及输入信号波形，要求绘出输出波形图。解此类题目时要注意：

（1）时间轴一定要对齐，对准。

（2）注意输出波形是否因超出输出动态范围而出现"限幅"现象。

（3）如果电路中有电容存在（如积分器），则要注意电容的起始电压值，积分时间的上、下限等，并要注意一周内电容充放电的平衡，以使波形达到稳定状态。

【例 2-4】 电路如图 2-5(a)所示，已知电源电压为 ±12 V，输入信号 $u_i = 4\sin\omega t$（V），试绘出该电路的输出波形图。

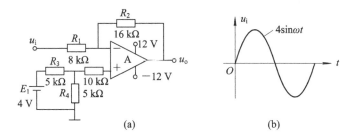

图 2-5 例 2-4 的电路图及输入波形

解 根据图 2-5(a)所示电路及叠加原理，得

$$U_+ = \frac{5}{5+5}E_1 = 2\ \mathrm{V}$$

$$u_o = U_+ \times \left(1 + \frac{R_2}{R_1}\right) - \frac{R_2}{R_1}u_i = 2\ \mathrm{V}\left(1 + \frac{16}{8}\right) - 2u_i$$

$$= 6\ \mathrm{V} - 2u_i = 6\ \mathrm{V} - 8\sin\omega t \ (\mathrm{V})$$

可见，输出波形是在 6 V 的直流电平上叠加上一正弦信号。

注意，当 u_i 为负半周最大时，u_o 瞬时值已超过电源电压 $+12$ V，所以会出现限幅状态，u_o 波形如图 2-6 所示。

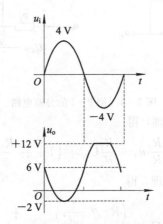

图 2-6　例 2-4 的输入输出波形图

【例 2-5】　电路如图 2-7(a)所示，设电容 C 的起始电压 $u_C(0)=0$，试画出对应两种输入波形(如图 2-7(b)、(c)所示)的输出波形图。

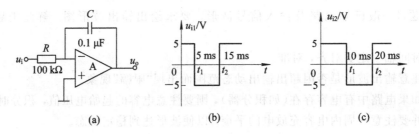

图 2-7　例 2-5 电路图及输入波形图

解　因为 $u_o(t)=-u_C(t)$，所以 $u_o(0)=u_C(0)$。

该电路为理想反相积分器，输入输出关系式为

$$u_o(t)=-\frac{1}{RC}\int u_i(t)\,\mathrm{d}t=-\frac{1}{10^5\times10^{-7}}\int u_i(t)\,\mathrm{d}t=-100\int u_i(t)\,\mathrm{d}t$$

① 输入为图 2-7(b)所示波形时，在 $t=0\sim t_1$ 时间段内，$u_{i1}=5$ V，则

$$u_o(t)=-100\int_0^t 5\,\mathrm{d}t+u(0)=-500t\Big|_0^{t_1}+0\text{ V}$$

可见，$u_o(t)$ 随时间 t 线性下降。

当 $t=0$ 时，$u_o(0)=0$，$t=t_1=5$ ms，$u_o(t_1)=-500\times5\times10^{-3}=-2.5$ V。

② 在 $t=5\sim15$ ms 时间段内，$u_{i1}=-5$ V，则

$$u_o(t)=-100\int_{t_1}^t(-5)\,\mathrm{d}t+u_o(t_1)=500(t-t_1)-2.5\text{ V}$$

可见，此段时间，$u_o(t)$ 随 t 增大而线性上升。

当 $t=t_1$ 时，$u_o(t_1)=-2.5$ V；

当 $t=t_2=15$ ms 时，$u_o(t_2)=500\times10\times10^{-3}-2.5$ V$=2.5$ V。

周而复始，故输出波形如图 2-8(a)所示。

③ 同理，输入信号波形如图 2-7(c)所示时，其输出波形如图 2-8(b)所示。

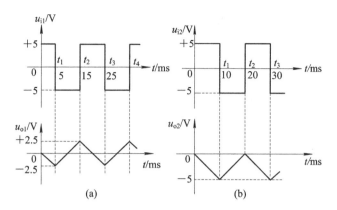

图 2-8　例 2-5 的输入输出波形图

【例 2-6】　电路如图 2-9(a)所示，其输入波形如图 2-9(b)所示，求输出波形图(设电容电压初始值 $u_C(0)=0$)。

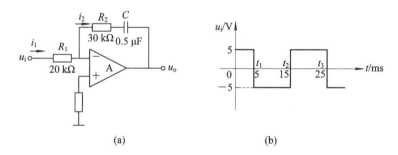

图 2-9　例 2-6 的电路图及输入波形图

解　根据电路，得输入输出关系式为

$$u_o(t)=-u_R-u_C(t)$$

$$u_o=-i_2R_2-\frac{1}{C}\int i_2\,\mathrm{d}t$$

式中

$$i_2=i_1=\frac{u_i}{R_1}$$

故

$$u_o=-\frac{R_2}{R_1}u_i-\frac{1}{R_1C}\int u_i\,\mathrm{d}t=-\frac{30}{20}u_i-\frac{1}{20\times10^3\times0.5\times10^{-6}}\int u_i\,\mathrm{d}t$$

$$=-1.5u_i-100\int u_i\,\mathrm{d}t=u_{o1}(t)+u_{o2}(t)$$

上式第一项是输入方波的比例放大值，第二项为输入信号的积分值。分别画出第一项波形和第二项波形，如图 2-10(b)、(c)所示，然后叠加得到总的输出波形，如图 2-10(d)所示。

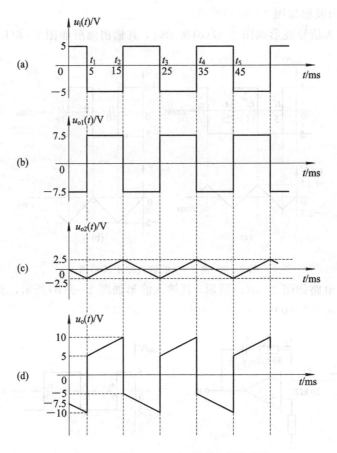

图 2-10 图 2-9(a)电路的输出波形图

【例 2-7】 用积分器实现微分运算的电路如图 2-11 所示,试推导输入输出关系式(分别给出频域表达式和时域表达式)。

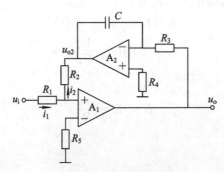

图 2-11 例 2-7 电路图

解 将积分器搬至运放的反馈支路上,则可实现微分运算。注意,A_2 组成的反相积分器已将信号反相,为了保证整体负反馈(即 A_1 也要引入负反馈),积分器输出经 R_2 应引向 A_1 的同相端。

① 输入输出的频域表达式。因为整体引入负反馈,故根据"虚短"概念,A_1 的

$$U_+ = U_- = 0, \text{且 } \dot{I}_1 = \dot{I}_2$$

式中

$$\dot{I}_1 = \frac{\dot{U}_i - \dot{U}_+}{R_1} = \frac{\dot{U}_i}{R_1}$$

$$\dot{I}_2 = \frac{\dot{U}_+ - \dot{U}_{o2}}{R_2} = -\frac{\dot{U}_{o2}}{R_2}$$

因为 A_2 接成反相积分器，所以

$$\dot{U}_{o2} = -\frac{1}{j\omega R_3 C}\dot{U}_o$$

故

$$\dot{I}_2 = \frac{\dot{U}_o}{j\omega R_3 C R_2} = \dot{I}_1 = \frac{\dot{U}_i}{R_1}$$

由此得到

$$\boxed{\dot{U}_o = j\omega C R_3\left(\frac{R_2}{R_1}\right)\dot{U}_i}$$

显然该式符合微分器的频域表达式。

② 输入输出的时域表达式：

$$i_1(t) = \frac{u_i(t)}{R_1}$$

$$i_2(t) = -\frac{u_{o2}(t)}{R_2} \quad 且\ i_1(t) = i_2(t)$$

又

$$u_{o2}(t) = -\frac{1}{R_3 C}\int u_o(t)\,\mathrm{d}t$$

所以

$$\frac{u_i(t)}{R_1} = +\frac{1}{R_2}\frac{1}{R_3 C}\int u_o(t)\,\mathrm{d}t$$

故有

$$u_o(t) = \frac{R_2}{R_1}R_3 C\frac{\mathrm{d}u_i(t)}{\mathrm{d}t}$$

可见，该输入输出符合微分器的时域表达式。

【例 2-8】 图 2-11 中，已知 $R_1 = 10\ \text{k}\Omega$，$R_2 = 20\ \text{k}\Omega$，$R_3 = 100\ \text{k}\Omega$，$C = 0.01\ \mu\text{F}$，$u_C(0) = 0$。

（1）输入信号 $u_{i1}(t) = 0.1\sin(2\pi\times10^3 t)(\text{V})$（如图 2-12(a)所示），求输出波形。

（2）输入信号 $u_{i2}(t)$ 为一三角波（如图 2-12(b)所示），求输出波形。

解 （1）
$$u_o(t) = \frac{R_2}{R_1}R_3 C\frac{\mathrm{d}u_{i1}(t)}{\mathrm{d}t} = \frac{R_2}{R_1}R_3 C\frac{\mathrm{d}(0.1\sin(2\pi\times10^3 t))}{\mathrm{d}t}$$

$$= \frac{R_2}{R_1}R_3 C\times0.1\times2\pi\times10^3\cos(2\pi\times10^3 t)$$

$$= \frac{20\times10^3}{10\times10^3}\times100\times10^3\times0.01\times10^{-6}\times0.1\times2\pi\times10^3\cos(2\pi\times10^3 t)$$

$$= 1.256\cos(2\pi\times10^3 t)(\text{V})$$

画出输出波形如图 2-12(a)所示。

（2）
$$u_o(t) = \frac{R_2}{R_1}R_3 C\frac{\mathrm{d}u_{i1}(t)}{\mathrm{d}t}$$

在 $t = 0\sim t_1$ 段，$\dfrac{\mathrm{d}u_{i2}(t)}{\mathrm{d}t} = 5\ \text{V/s}$，$u_o(0\sim t_1) = 10\ \text{mV}$；

在 $t = t_1 \sim t_3$ 段，$\dfrac{\mathrm{d}u_{i2}(t)}{\mathrm{d}t} = -5 \text{ V/s}$，$u_o(t_1 - t_3) = -10 \text{ mV}$，画出输出波形如图 2-12 (b)所示。

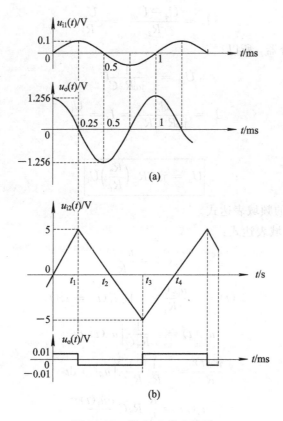

(a)

(b)

图 2-12　例 2-8 输出波形

【例 2-9】　电路如图 2-13(a)所示，其输入信号 u_i 的波形如图 2-13(b)所示，试定性分析输出波形。

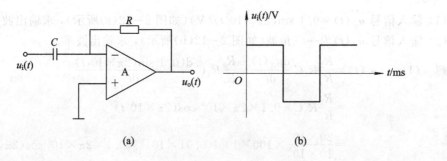

(a)　　　　　　　　　　　　(b)

图 2-13　例 2-9 电路及输入信号

　　解　图(a)电路是一个反相微分器，有

$$u_o(t) = -RC\,\frac{\mathrm{d}u_i(t)}{\mathrm{d}t}$$

理论上，输入理想方波在突跳时的斜率 $\dfrac{\mathrm{d}u_{\mathrm{i}}(t)}{\mathrm{d}t}$ 是很大的，输出波形应该是一个 $\delta(t)$ 函数。而实际上，运放本身的速度有限，供出的充放电电流也有限，增益也有限，输入信号的边缘也不可能呈真正的突变 $\left(\text{即} \dfrac{\mathrm{d}u_{\mathrm{i}}(t)}{\mathrm{d}t}\text{不可能为无穷大}\right)$。综合各种因素，输出波形为尖顶脉冲，如图 2-14 所示。

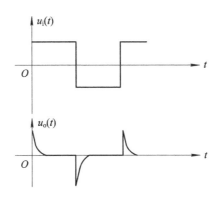

图 2-14　例 2-9 输出波形

5. 关于设计题的考虑

（1）给定设计目标，即电路特性，要求设计出合乎性能指标的电路，这可能有多种方案，是更富挑战性和创造性的工作。我们应该选择性价比高、易于实现的电路结构和元件。为此，将已学的基本运算电路归纳为表 2-1，供选择电路结构时参考。

（2）选择运算放大器时要注意某种运算放大器的精度、带宽、速度是否满足设计目标的要求。如果设计一个低通滤波器，要求上限频率 $f_{\mathrm{H}}=1.5\ \mathrm{MHz}$，那么用 LM741(F007) 则增益带宽积不够，可以采用 LM318。因为 F007 的单位增益带宽最多只有 1 MHz，而 LM318 的单位增益带宽可达 15 MHz。

表 2-1　集成运放的基本运算电路及变换电路

功能	基 本 电 路	主 要 描 述
反相比例放大		$u_{\mathrm{o}}=-\dfrac{R_{\mathrm{f}}}{R_1}u_{\mathrm{i}}$ 输入电阻 $R_{\mathrm{if}}\approx R_1$ $R_{\mathrm{p}}=R_1 /\!/ R_{\mathrm{f}}$
同相比例放大		(a) $u_{\mathrm{o}}=\left(1+\dfrac{R_{\mathrm{f}}}{R_1}\right)u_{\mathrm{i}}$ $R_{\mathrm{if}}\to\infty$ (b) 跟随器 $R_{\mathrm{f}}=0$，$R_1\to\infty$，$u_{\mathrm{o}}=u_{\mathrm{i}}$

功能	基 本 电 路	主 要 描 述
反相相加器		$u_{\mathrm{o}} = -\left(\dfrac{R_{\mathrm{f}}}{R_1}u_{\mathrm{i}1} + \dfrac{R_{\mathrm{f}}}{R_2}u_{\mathrm{i}2}\right)$
同相相加器		$u_{\mathrm{o}} = \left(1 + \dfrac{R_{\mathrm{f}}}{R}\right)\left(\dfrac{R_2}{R_1+R_2}u_{\mathrm{i}1} + \dfrac{R_1}{R_1+R_2}u_{\mathrm{i}2}\right)$
相减器		$u_{\mathrm{o}} = \dfrac{R_{\mathrm{f}}}{R_1}(u_{\mathrm{i}1} - u_{\mathrm{i}2})$
反相积分器		$u_{\mathrm{o}}(t) = -\dfrac{1}{RC}\displaystyle\int u_{\mathrm{i}}\,\mathrm{d}t$ 或 $U_{\mathrm{o}}(s) = -\dfrac{1}{sRC}U_{\mathrm{i}}(s)$ 或 $U_{\mathrm{o}}(\mathrm{j}\omega) = -\dfrac{1}{\mathrm{j}\omega RC}U_{\mathrm{i}}(\mathrm{j}\omega)$
差分积分器		$u_{\mathrm{o}} = \dfrac{1}{RC}\displaystyle\int (u_{\mathrm{i}1} - u_{\mathrm{i}2})\,\mathrm{d}t$ $U_{\mathrm{o}}(s) = \dfrac{1}{sRC}[U_{\mathrm{i}1}(s) - U_{\mathrm{i}2}(s)]$ $U_{\mathrm{o}}(\mathrm{j}\omega) = \dfrac{1}{\mathrm{j}\omega RC}[U_{\mathrm{i}1}(\mathrm{j}\omega) - U_{\mathrm{i}2}(\mathrm{j}\omega)]$
反相微分器		$u_{\mathrm{o}}(t) = -RC\dfrac{\mathrm{d}u_{\mathrm{i}}(t)}{\mathrm{d}t}$ $U_{\mathrm{o}}(s) = -sRCU_{\mathrm{i}}(s)$ $U_{\mathrm{o}}(\mathrm{j}\omega) = -\mathrm{j}\omega RCU_{\mathrm{i}}(\mathrm{j}\omega)$ 　由于微分器对高频噪声抑制能力差，故通常将微分运算转换为积分运算来进行

功能	基 本 电 路	主 要 描 述
I/V 变换	15 V I_P R A u_o	$u_o = -RI_p$ （I_p 为光电流）
V/I 变换	u_i R_1 R_4 A u_o R_2 R_3 i_L Z_L负载	当 $R_1 R_3 = R_2 R_4$ 成立时，有 $$i_L = -\dfrac{u_i}{R_2}$$ 即流过负载 Z_L 的电流与输入电压成正比，而与 Z_L 无关
电平移位电路	R_f u_{io} R A u_o R_1 R_2 U_{CC} R_p $-U_{EE}$	$u_o = U_+ \left(1 + \dfrac{R_f}{R} \right) - \dfrac{R_f}{R} u_i$ 若 $U_{CC} = \|U_{EE}\|$ 则 $U_+ = \left(\dfrac{R_2 - R_1}{R_2 + R_1} \right) U_{CC}$

【例 2-10】 要求将输入信号 $u_i = 1\sin\omega t$（V）的波形放大 5 倍，且全部移到时间轴的上方，如图 2-15 所示（注：输出波形相位不作规定）。

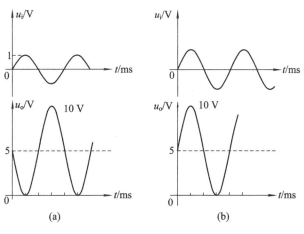

图 2-15 例 2-10 波形图

解 题目要求将输入信号放大 5 倍，且叠加一个直流分量，该直流分量的大小正好与输出正弦波的振幅相当。

(1) 设计方案 1——信号加到反相端，直流电平加到同相端(如图 2-16 所示)。

① 为满足信号放大 5 倍的要求，取 $R_2 = 5R_1 = 50$ kΩ，则 $R_1 = 10$ kΩ。

② 为满足输出直流电平上移 5 V 的要求，则

$$U_+ = \frac{U_o}{1 + \dfrac{R_2}{R_1}} = \frac{5}{6} \approx 0.833 \text{ (V)}$$

其分压电路设计如下：

取 $R_3 = 50$ kΩ，且有

$$\frac{R_4}{R_3 + R_4} \times E = 0.833 \text{ V}$$

故
$$R_4 = \frac{0.833 \times R_3}{E - 0.833} = \frac{0.833 \times 50 \times 10^3}{5 - 0.833} = 9.99 \text{ kΩ}$$

取 R_4 为 8.2 kΩ 固定电阻和 5 kΩ 电位器串联即可。设计完毕。

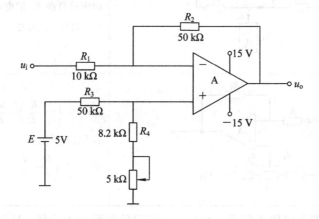

图 2-16 设计方案 1

(2) 设计方案 2——信号加到同相端(输入电阻大)，直流电平加到反相端(如图 2-17 所示)。

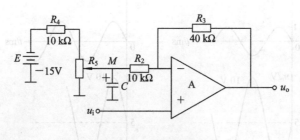

图 2-17 设计方案 2

① 为保证交流信号放大 5 倍，取 $R_2 = 10$ kΩ，则

$$A_{uf} = \frac{u_o}{u_i} = 1 + \frac{R_3}{R_2} = 5$$

算出 $R_3 = 40$ kΩ。

② 为保证调节直流电平不影响交流放大倍数，在 M 点接一大电容 C 到地，将交流信号旁路掉(即 $\dot{U}_{M\sim}=0$)。

③ 因为要使输出直流电平上移，所以反相端要加负的直流电压($E=-15$ V)，输出直流分量 $U_{o=}$ 为

$$U_{o=} = -\frac{R_3}{R_2}U_{M=}$$

$$U_{M=} = -\frac{R_2}{R_3}U_{o=} = -\frac{10}{40}\times 5 = 1.25 \text{ V}$$

所以 $R_4 = 10$ kΩ，则

$$R_5 = \frac{U_{M=}R_4}{E-U_{M=}} = \frac{1.25\times 10}{13.75} \approx 0.909 \text{ k}\Omega$$

取 R_5 为 2 kΩ 的电位器即可。设计完毕。

(3) 设计方案 3——信号与直流电平均由反相端输入(如图 2-18(a)所示)。

(4) 设计方案 4——信号与直流电平均由同相端输入(如图 2-18(b)所示)。

这两种方案具体设计由读者自行完成。

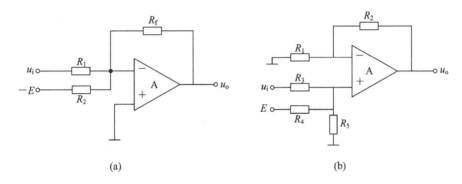

(a)　　　　　　　　　　　　(b)

图 2-18　设计方案 3 和设计方案 4

4 种方案中，设计方案 1 比较好，被经常采用。

【例 2-11】　设计电路，以实现

$$u_o(t) = 100\int u_{i1}(t) \text{ d}t + 10u_{i2}$$

的运算。

解　(1) 设计方案 1。

① 因为要求同相积分，一般不易实现，所以第一级采用反相积分器，第二级对反相积分器的输出做反相比例运算，得到同相积分，并对 u_{i2} 做同相比例运算，满足放大倍数为 10 的要求。电路如图 2-19 所示。

② 第二级采用相减电路，有

$$u_o = \frac{R_2}{R_1}(u_{i2}-u_{o1}) = \frac{R_2}{R_1}u_{i2} - \frac{R_2}{R_1}u_{o1}$$

其中

$$u_{o1} = -\frac{1}{RC}\int u_{i1} \text{ d}t$$

所以

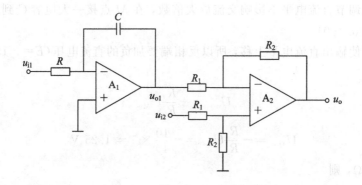

图 2-19 例 2-11 设计方案 1

$$u_o = \frac{R_2}{R_1} u_{i2} + \frac{R_2}{R_1} \frac{1}{RC} \int u_{i1} \, dt$$

选 $R_2 = 10R_1$，以满足对 u_{i2} 放大 10 倍的要求。

选 $\frac{R_2}{R_1} \frac{1}{RC} = 100$，以满足积分时常数的要求。

若 $R_2 = 100 \text{ k}\Omega$，$R_1 = 10 \text{ k}\Omega$，$C = 1 \mu F$，则 $R = 100 \text{ k}\Omega$，故满足 $u_o = 10u_{i2} + 100 \int u_i \, dt$。

（2）其他设计方案由读者自行设计完成。

2.3　练习题及解答

2-1　电路如图 P2-1 所示，试求输出电压和输入电压的关系式。

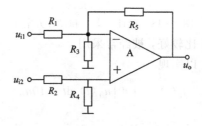

图　P2-1

解　应用叠加原理，将电路分解为如图 P2-1′所示的反相比例放大器和同相比例放大器。

可见

$$u_{o1} = -\frac{R_5}{R_1} u_{i1}$$

$$u_{o2} = \left(1 + \frac{R_5}{R_1 /\!/ R_3}\right) \left(\frac{R_4}{R_2 + R_4}\right) u_{i2}$$

$$u_o = u_{o1} + u_{o2} = -\frac{R_5}{R_1} u_{i1} + \left(1 + \frac{R_5}{R_1 /\!/ R_3}\right) \left(\frac{R_4}{R_2 + R_4}\right) u_{i2}$$

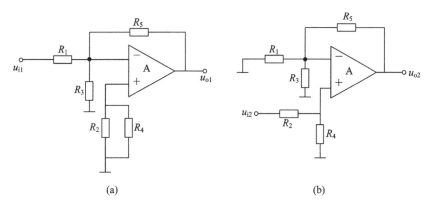

图 P2-1′ 题 P2-1的分解图

（a）反相比例放大器；（b）同相比例放大器

2-2 理想运放组成的电路如图 P2-2(a)所示，设输入信号 u_{i1} 为 1 kHz 正弦波，u_{i2} 为 1 kHz 方波，如图 P2-2(b)所示，试求输出电压和输入电压的关系式及波形。

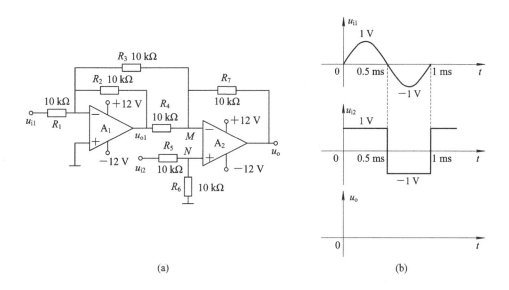

图 P2-2

（a）电路图；（b）波形图

解 将图 P2-2 所示电路分解为两级运算，如图 P2-2′(a)、(b)所示。

可见

$$u_{o1} = -\frac{R_2}{R_1}u_{i1} - \frac{R_2}{R_3}U_M = -u_{i1} - U_M$$

式中

$$U_M = U_N = \frac{R_6}{R_5 + R_6}u_{i2} = \frac{1}{2}u_{i2}$$

故

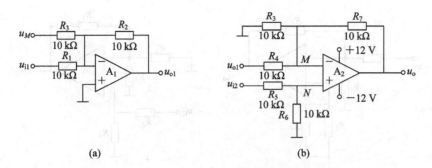

(a)

图 P2-2′ 图 P2-2(a)的分解图

$$u_{o1} = -u_{i1} - \frac{1}{2}u_{i2}$$

$$u_o = -\frac{R_7}{R_4}u_{o1} + \left(1 + \frac{R_7}{R_3 /\!/ R_4}\right)\left(\frac{R_6}{R_5 + R_6}\right)u_{i2}$$

$$= u_{i1} + \frac{u_{i2}}{2} + \frac{3}{2}u_{i2} = u_{i1} + 2u_{i2}$$

所以得 u_o 波形如图 P2-2″所示。

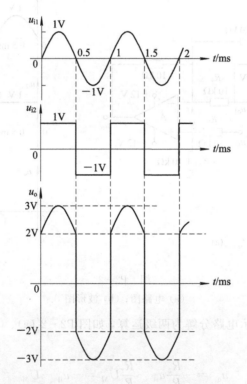

图 P2-2″ 图 P2-2 电路的输出波形

2-3 运放组成的电路如图 P2-3(a)、(b)所示,试分别画出传输特性($u_o = f(u_i)$)。若输入信号 $u_i = 5 \sin\omega t$(V),试分别画出输出信号 u_o 的波形。

解 图 P2-3(a)、(b)的传输特性分别如图 P2-3′(a)、(b)所示,其输出波形分别如图 P2-3″(a)、(b)所示。

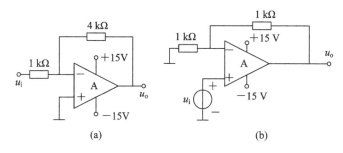

图 P2-3

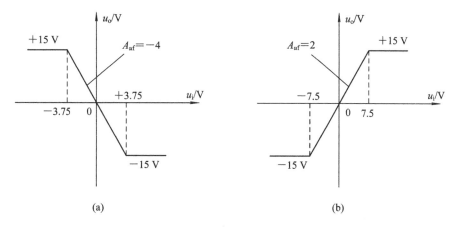

图 P2-3′ 传输特性

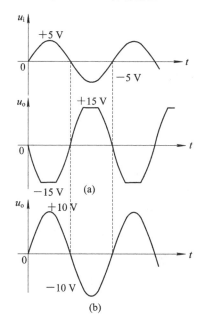

图 P2-3″ 输出波形图

(a) 产生"限幅"失真(超过输入线性范围);(b) 正常放大

2-4 理想运放构成的电路分别如图 P2-4(a)~(d)所示,试求图(a)~(d)电路的输出电压 u_o 值。

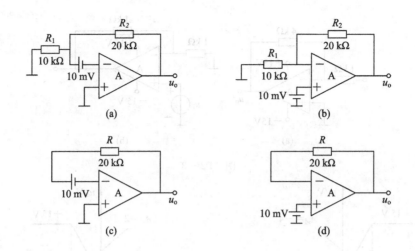

图　P2-4

解　（a）因为

$$U_+ = U_- = 0, \; U_- = -10 \text{ mV} + \frac{R_1}{R_1 + R_2}u_o.$$

所以

$$u_o = 10 \text{ mV} \times \frac{10 \text{ k}\Omega + 20 \text{ k}\Omega}{10 \text{ k}\Omega} = 30 \text{ mV}$$

（b）$u_o = \left(1 + \dfrac{R_2}{R_1}\right) \times 10 \text{ mV} = 30 \text{ mV};$

（c）$U_+ = U_- = 0, \; u_o = 10 \text{ mV};$

（d）$u_o = 10 \text{ mV}$（跟随器）。

2-5　设计一个反相相加放大器，要求最大电阻值为 300 kΩ，输入输出关系为
$u_o = -(7u_{i1} + 14u_{i2} + 3.5u_{i3} + 10u_{i4})$。

解　设计一个相加器，要求最大电阻为 300 kΩ，选择电路如图 P2-5 所示。

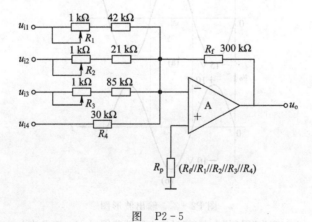

图　P2-5

令 $R_f = 300 \text{ kΩ}$，则

$$R_1 = \frac{300 \text{ k}\Omega}{7} = 42.857 \text{ k}\Omega$$

$$R_2 = \frac{300 \text{ k}\Omega}{14} = 21.428 \text{ k}\Omega$$

$$R_3 = \frac{300 \text{ k}\Omega}{3.5} = 85.714 \text{ k}\Omega$$

$$R_4 = \frac{300 \text{ k}\Omega}{10} = 30 \text{ k}\Omega$$

为达到要求的精度，$R_1 \sim R_3$ 可用一个固定电阻和一个电位器串联来实现。

2-6 图 P2-6 所示为同相比例放大器。若 $R_1 = 10$ kΩ，$R_2 = 8.3$ kΩ，$R_f = 50$ kΩ，$R_L = 4$ kΩ，求 u_o/u_i；当 $u_i = 1.8$ V 时，负载电压 u_o 为多少？电流 i_{R1}、i_{R2}、i_{Rf}、i_{RL}、i_o 各等于多少？

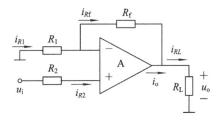

图 P2-6

解 该电路为同相比例放大器，其满足"虚断"($i_+ = i_- = 0$)和"虚短"($U_+ = U_-$)，可得

$$i_{R2} = i_+ = 0$$

$$U_+ = u_i - i_{R2}R_2 = u_i$$

$$U_- = U_+ = u_i$$

$$i_{R1} = \frac{0 - u_i}{R_1} = \frac{-u_i}{10 \times 10^3} = -10^{-4} \times u_i$$

$$i_{Rf} = i_{R1} = -10^{-4} \times u_i$$

$$u_o = U_- - i_{Rf}R_f = u_i - (-10^{-4} \times u_i) \times 50 \times 10^3 = 6u_i$$

$$\frac{u_o}{u_i} = 6$$

当 $u_i = 1.8$ V 时，$u_o = 10.8$ V。

$$i_{R2} = i_- = 0$$

$$U_+ = u_i - i_{R2}R_2 = u_i = 1.8 \text{ V}$$

$$U_- = U_+ = 1.8 \text{ V}$$

$$i_{R1} = \frac{0 - U_-}{R_1} = \frac{0 - 1.8}{10 \times 10^3} \text{ A} = -0.18 \text{ mA}$$

$$i_{Rf} = i_{R1} = -0.18 \text{ mA}$$

$$u_o = U_- - i_{Rf}R_f = 1.8 - (-0.18 \text{ mA}) \times 50 \times 10^3 = 10.8 \text{ V}$$

$$i_{RL} = \frac{u_o}{R_L} = \frac{10.8}{4 \times 10^3} \text{ A} = 2.7 \text{ mA}$$

$$i_o = i_{RL} - i_{Rf} = 2.7 \text{ mA} - (-0.18 \text{ mA}) = 2.88 \text{ mA}$$

2-7 理想运放组成的电路如图 P2-7 所示，试分别求 u_{o1}、u_o 与 u_i 的关系式。

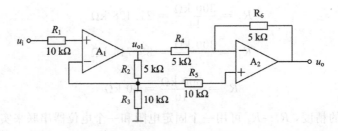

图　P2-7

解 将电路拆成两级，如图 P2-7′所示，则

$$u_{o1} = \left(1 + \frac{R_2}{R_3}\right)u_i = 1.5\ u_i$$

$$u_o = -\frac{R_6}{R_4}u_{o1} + \left(1 + \frac{R_6}{R_4}\right)u_i = -1.5u_i + 2u_i = 0.5u_i$$

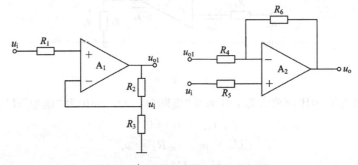

图 P2-7′　图 P2-7 电路的分解图

2-8　理想运放构成的电路如图 P2-8 所示，求 u_o。

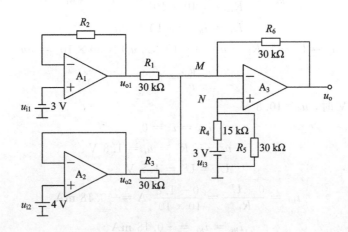

图　P2-8

解

$$u_{o1} = u_{i1} = -3\ \text{V}$$

$$u_{o2} = u_{i2} = 4\ \text{V}$$

$$U_M = U_N = \frac{R_5}{R_4 + R_5}u_{i3} = 2\ \text{V}$$

$$u_o = -u_{o1} - u_{o2} + \left(1 + \frac{R_6}{R_1 /\!/ R_3}\right)U_N$$
$$= 3\text{ V} - 4\text{ V} + 3 \times 2\text{ V} = 5\text{ V}$$

2 - 9　如图 P2 - 9 所示为反相输入求差电路，求输入与输出的关系。

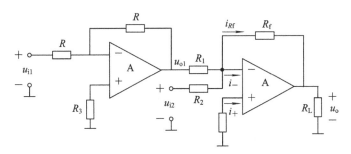

图　P2 - 9

解　该电路由两个运放级联构成，第一个运算放大器为反相比例放大器，则

$$u_{o1} = -\frac{R}{R}u_{i1} = -u_{i1}$$

第二个运算放大器为反相相加器，则

$$i_+ = i_- = 0$$
$$U_- = U_+ = 0$$
$$u_o = -\frac{R_f}{R_1}u_{o1} - \frac{R_f}{R_2}u_{i2} = \frac{R_f}{R_1}u_{i1} - \frac{R_f}{R_2}u_{i2}$$

2 - 10　运算放大器构成的仪用放大器如图 P2 - 10 所示，试回答：

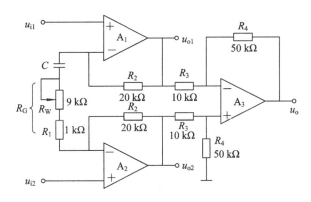

图　P2 - 10

（1）增益 $A_u = \dfrac{\dot{U}_o}{\dot{U}_{i2} - \dot{U}_{i1}} = ?$

（2）最大增益 $A_{u\max}$ 和最小增益 $A_{u\min} = ?$

（3）电容 C 取值很大，对信号呈现短路状态，那么 C 有什么作用？

解　（1）　　　　$A_u = \dfrac{\dot{U}_o}{\dot{U}_{i2} - \dot{U}_{i1}} = \dfrac{\dot{U}_{o2} - \dot{U}_{o1}}{\dot{U}_{i2} - \dot{U}_{i1}} \times \dfrac{\dot{U}_o}{\dot{U}_{o2} - \dot{U}_{o1}} = A_{u1} \times A_{u2}$

其中

$$A_{u1} = \frac{i_G(R_2 + R_G + R_2)}{\dot{U}_{i2} - \dot{U}_{i1}} = \frac{\left(\frac{\dot{U}_{i2} - \dot{U}_{i1}}{R_G}\right)(R_G + 2R_2)}{\dot{U}_{i2} - \dot{U}_{i1}}$$

$$= \left(1 + \frac{2R_2}{R_G}\right) \quad (R_G = R_1 + R_W)$$

$$A_{u2} = \frac{\dot{U}_o}{\dot{U}_{o2} - \dot{U}_{o1}} = \frac{R_4}{R_3} \quad (A_3 \text{ 接成相减器})$$

故

$$A_u = A_{u1} \times A_{u2} = \frac{R_4}{R_3}\left(1 + \frac{2R_2}{R_G}\right)$$

(2) $$R_{Gmax} = 10 \text{ k}\Omega, \ R_{Gmin} = 1 \text{ k}\Omega$$

$$A_{umin} = \frac{R_4}{R_3}\left(1 + \frac{2R_2}{R_{Gmax}}\right) = 5\left(1 + \frac{2 \times 20}{10}\right) = 25$$

$$A_{umax} = \frac{R_4}{R_3}\left(1 + \frac{2R_2}{R_{Gmin}}\right) = 5\left(1 + \frac{2 \times 20}{1}\right) = 205$$

(3) 电容 C 为隔直电容，对直流信号开路，对交流信号短路。其目的是让第一级的直流负反馈为 100%（对直流而言，A_1、A_2 接成跟随器），从而使直流工作点十分稳定。

2-11　积分器电路分别如图 P2-11(a)、(b)所示，试分别求输入输出关系的时域表达式和频域表达式，以及复频域表达式。

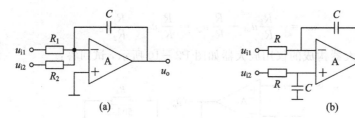

图　P2-11

解　① 电路(a)为相加积分器，有

时域表达式　$$u_o(t) = -\frac{1}{R_1 C}\int u_{i1}(t)\,dt - \frac{1}{R_2 C}\int u_{i2}(t)\,dt$$

频域表达式　$$U_o(j\omega) = -\frac{1}{j\omega C R_1}U_{i1}(j\omega) - \frac{1}{j\omega C R_2}U_{i2}(j\omega)$$

复频域表达式　$$U_o(s) = -\frac{1}{sCR_1}U_{i1}(s) - \frac{1}{sCR_2}U_{i2}(s)$$

② 电路(b)为差动积分器，有

时域表达式　$$u_o(t) = \frac{1}{RC}\int[(u_{i2}(t) - u_{i1}(t))]\,dt$$

频域表达式　$$U_o(j\omega) = \frac{1}{j\omega RC}[U_{i2}(j\omega) - U_{i1}(j\omega)]$$

复频域表达式　$$U_o(s) = \frac{1}{sRC}[U_{i2}(s) - U_{i1}(s)]$$

2-12　微分器电路及输入波形如图 P2-12 所示，设电容 $u_C(0) = 0$ V，试求输出电压

u_o的波形图。

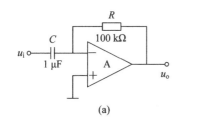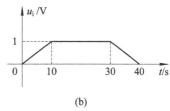

图 P2-12

解
$$u_o = -RC\frac{\mathrm{d}u_i}{\mathrm{d}t} = -10^5 \times 10^{-6}\frac{\mathrm{d}u_i}{\mathrm{d}t} = -\frac{1}{10}\frac{\mathrm{d}u_i}{\mathrm{d}t}$$

当 $t = 0 \sim 10$ s 时
$$\frac{\mathrm{d}u_i}{\mathrm{d}t} = \frac{1}{10}, \quad u_o = -\frac{1}{10}\left(\frac{1}{10}\right) = -0.01 \text{ V}$$

当 $t = 10 \sim 30$ s 时
$$\frac{\mathrm{d}u_i}{\mathrm{d}t} = 0, \quad u_o = 0 \text{ V}$$

当 $t = 30 \sim 40$ s 时
$$\frac{\mathrm{d}u_i}{\mathrm{d}t} = -\frac{1}{10}, \quad u_o = -\frac{1}{10}\left(-\frac{1}{10}\right) = 0.01 \text{ V}$$

故 $u_o(t)$ 的波形如图 P2-12$'$ 所示。

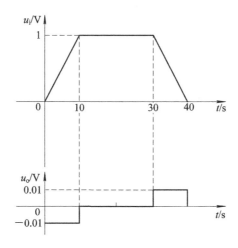

图 P2-12$'$

2-13 电路如图 P2-13 所示，分析该电路的功能，并计算 I_L。

解 该电路是 V/I 变换器，由于满足下列关系式，即 $R_1 R_3 = R_4 R_2$，所以
$$I_L = -\frac{u_i}{R_2} = -0.4 \sin\omega t \text{ (mA)}$$

且与负载 Z_L 无关。

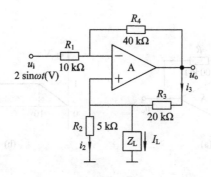

图 P2-13

2-14 分别设计实现下列运算关系的电路：

(1) $u_o = 5(u_{i1} - u_{i2})$；

(2) $u_o = 3u_{i1} - 4u_{i2}$；

(3) $u_o = -\dfrac{1}{RC}\displaystyle\int u_i \mathrm{d}t$；

(4) $u_o = \dfrac{1}{RC}\displaystyle\int (u_{i1} - u_{i2}) \mathrm{d}t$。

解 (1) 使用相减器实现，如图 P2-14(a)所示。

$$U_o = \left(1 + \frac{R_3}{R_1}\right)\left(\frac{R_4}{R_2 + R_4}\right)u_{i1} - \frac{R_3}{R_1}u_{i2}$$

$$R_1 = R_2 = 5 \text{ k}\Omega$$

$$R_3 = R_4 = 25 \text{ k}\Omega$$

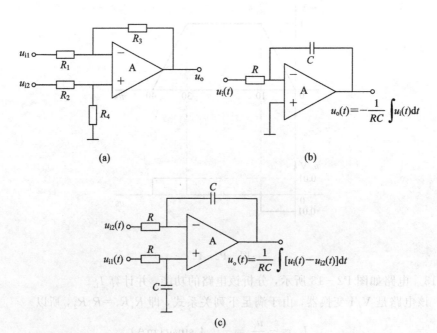

图 P2-14

(2) 使用相减器实现, 如图 P2 - 14(a)所示。

$$U_o = \left(1 + \frac{R_3}{R_1}\right)\left(\frac{R_4}{R_2 + R_4}\right)u_{i1} - \frac{R_3}{R_1}u_{i2}$$

$$R_1 = 5 \text{ k}\Omega, \ R_2 = 8 \text{ k}\Omega, \ R_3 = 20 \text{ k}\Omega, \ R_4 = 12 \text{ k}\Omega$$

(3) 使用积分器实现, 如图 P2 - 14(b)所示。

(4) 使用差动积分器实现, 如图 P2 - 14(c)所示。

2 - 15 电路如图 P2 - 15(a)所示, 设输入信号 $u_i = 2\sin\omega t$(V)。

(1) 判断电路的功能;

(2) 画出电路的输出波形。

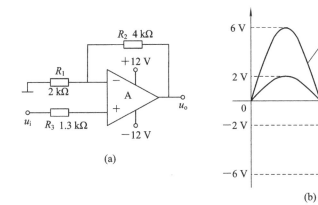

图 P2 - 15

解 (1) 图(a)为同相比例放大器。

(2) 电路的输出波形如图 P2 - 15(b)所示。

2 - 16 电路如图 P2 - 16 所示, 试求:

(1) 输入阻抗 Z_i 的表达式;

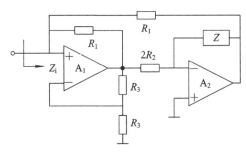

图 P2 - 16

(2) 已知 $R_1 = R_2 = 10 \text{ k}\Omega$, 则为了获得 1 H(亨利)的模拟电感, 元件 Z 应用什么元件, 其值应取多大。

解 如图 P2 - 16′所示。

(1) 输入阻抗

$$Z_i = \frac{\dot{U}_i}{\dot{I}_i}$$

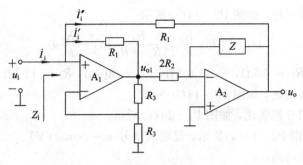

图　P2-16′

$$I_i = I_i' + I_i''$$

其中
$$I_i' = \frac{\dot{U}_i - \dot{U}_{o1}}{R_1}$$

而
$$\dot{U}_{o1} = \left(1 + \frac{R_3}{R_3}\right)\dot{U}_i = 2\dot{U}_i$$

故
$$I_i' = \frac{\dot{U}_i - \dot{U}_{o1}}{R_1} = -\frac{\dot{U}_i}{R_1}$$

$$I_i'' = \frac{\dot{U}_i - \dot{U}_o}{R_1}$$

而
$$\dot{U}_o = -\frac{Z}{2R_2}\dot{U}_{o1} = -\frac{Z}{2R_2}(2\dot{U}_i) = -\frac{Z}{R_2}\dot{U}_i$$

故
$$I_i'' = \frac{1}{R_1}\left(1 + \frac{Z}{R_2}\right)\dot{U}_i$$

$$\dot{I}_i = I_i' + I_i'' = -\frac{1}{R_1}\dot{U}_i + \frac{1}{R_1}\left(1 + \frac{Z}{R_2}\right)\dot{U}_i$$

$$= \frac{1}{R_1}\left(-1 + 1 + \frac{Z}{R_2}\right)\dot{U}_i = \frac{Z}{R_1 R_2}\dot{U}_i$$

所以，输入阻抗 Z_i 为

$$\boxed{Z_i = \frac{\dot{U}_i}{\dot{I}_i} = \frac{R_1 R_2}{Z}}$$

（2）要得到一个模拟电感，Z 必为容抗，即

$$Z = \frac{1}{j\omega C}$$

那么
$$Z_i = j\omega C R_1 R_2 = j\omega L_e$$

则等效的模拟电感 $L_e = CR_1 R_2$。

已知 $R_1 = R_2 = 10\ \text{k}\Omega$，$L_e = 1\ \text{H}$，则

$$C = \frac{L_e}{R_1 R_2} = \frac{1}{10^4 \times 10^4} = 10^{-8} = 0.01\ \mu\text{F}$$

2-17 电路如图 P2-17 所示，求流过负载 Z_L 的电流 I_L。

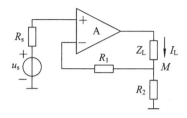

图 P2-17

解
$$U_+ = U_- = U_M = u_s$$

$$\boxed{I_L = I_{R2} = \frac{u_s}{R_2}}$$

2-18 理想运放构成的电路如图 P2-18 所示，求 u_o 与 u_{i1}、u_{i2} 的关系式。

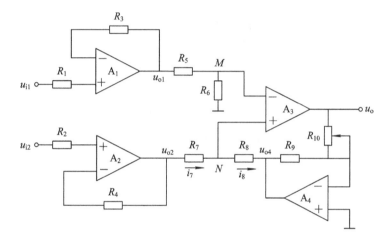

图 P2-18

解 在图中标出 u_{o1}、u_{o2}、u_{o4}。

解法一 (1) $u_{o1} = u_{i1}$;

(2) $u_{o2} = u_{i2}$;

(3) $u_{o4} = -\dfrac{R_9}{R_{10}} u_o$;

(4) $U_M = U_N = \dfrac{R_6}{R_5 + R_6} u_{o1} = \dfrac{R_6}{R_5 + R_6} u_{i1}$;

(5) $i_7 = i_8$，$i_7 = \dfrac{u_{o2} - U_N}{R_7} = i_8 = \dfrac{U_N - u_{o4}}{R_8}$。

故有
$$\left(u_{i2} - \frac{R_6}{R_5 + R_6} u_{i1} \right) R_8 = \left[\frac{R_6}{R_5 + R_6} u_{i1} - \left(-\frac{R_9}{R_{10}} u_o \right) \right] R_7$$

得
$$u_o = \frac{R_{10} R_8}{R_9 R_7} \left[u_{i2} - \frac{R_6 (R_7 + R_8)}{R_8 (R_5 + R_6)} u_{i1} \right]$$

若满足 $R_7 = R_5$，$R_8 = R_6$，则

$$u_o = \frac{R_{10} R_8}{R_9 R_7}(u_{i2} - u_{i1})$$

解法二　因为 A_3、A_4 整体构成负反馈，所以有

$$U_+ = U_-$$

其中

$$U_- = \frac{R_6}{R_5 + R_6} u_{i1}$$

$$U_+ = \frac{R_8}{R_7 + R_8} u_{i2} + \frac{R_7}{R_8 + R_7} u_{o4}$$

$$u_{o4} = -\frac{R_9}{R_{10}} u_o$$

所以

$$u_o = \frac{\dfrac{R_8}{R_7 + R_8} u_{i2} - \dfrac{R_6}{R_5 + R_6} u_{i1}}{\dfrac{R_9 R_7}{R_{10}(R_7 + R_8)}}$$

若满足 $R_5 = R_7$，$R_8 = R_6$，则

$$u_o = \frac{R_{10} R_8}{R_9 R_7}(u_{i2} - u_{i1})$$

2 - 19　同相积分器电路如图 P2 - 19 所示，试推导输入输出关系式，并说明该电路的功能。

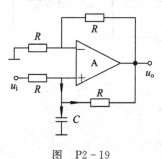

图　P2 - 19

解　为使电路稳定工作，该电路引入的负反馈一定强于正反馈，以保证整体是负反馈。故有

$$U_- = U_+$$

其中
$$U_- = \frac{R}{R + R} u_o = \frac{1}{2} u_o$$

$$U_+ = \frac{R \text{ // } \dfrac{1}{j\omega C}}{R + R \text{ // } \dfrac{1}{j\omega C}} u_i + \frac{R \text{ // } \dfrac{1}{j\omega C}}{R + R \text{ // } \dfrac{1}{j\omega C}} u_o$$

$$= \frac{\dfrac{R}{1 + j\omega RC}}{R + \dfrac{R}{1 + j\omega RC}}(u_i + u_o) = \frac{1}{2 + j\omega RC}(u_i + u_o) = \frac{1}{2} u_o$$

所以

$$u_\mathrm{o} = \frac{1}{\mathrm{j}\omega C\,\dfrac{R}{2}}u_\mathrm{i}$$

该式为输出的频域表达式。其时域表达式为

$$u_\mathrm{o}(t) = \frac{1}{C\,\dfrac{R}{2}}\int u_\mathrm{i}(t)\,\mathrm{d}t$$

实现了同相积分的功能。

2-20 电路如图 P2-20 所示,试推导输入输出关系式,并说明该电路的功能。

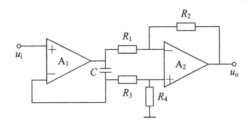

图 P2-20

解 该电路可以改画为如图 P2-20′所示。

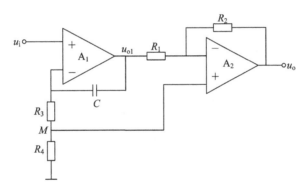

图 P2-20′

(1) 首先推导输入输出频域表达式。

对 A_1 有:

$$U_\mathrm{o1} = \left(1 + \frac{1}{\mathrm{j}\omega C(R_3 + R_4)}\right)U_\mathrm{i}$$

$$U_M = \frac{R_4}{R_3 + R_4}U_- = \frac{R_4}{R_3 + R_4}U_+ = \frac{R_4}{R_3 + R_4}U_\mathrm{i}$$

对 A_2 有:

$$U_\mathrm{o} = -\frac{R_2}{R_1}U_\mathrm{o1} + \left(1 + \frac{R_2}{R_1}\right)U_M$$

$$= -\frac{R_2}{R_1}\left(1 + \frac{1}{\mathrm{j}\omega C(R_3 + R_4)}\right)U_\mathrm{i} + \left(1 + \frac{R_2}{R_1}\right)\left(\frac{R_4}{R_3 + R_4}\right)U_\mathrm{i}$$

若满足 $R_1=R_3$，$R_2=R_4$，即 A_2 接成相减器，则

$$U_o = -\cfrac{1}{j\omega CR_1\left(1+\cfrac{R_1}{R_2}\right)}U_i$$

可见这是一个反相积分器。

（2）满足 $R_1=R_3$、$R_2=R_4$ 时，其时域表达式为

$$u_o(t) = -\cfrac{1}{CR_1\left(1+\cfrac{R_1}{R_2}\right)}\int u_i\,\mathrm{d}t$$

反相积分器的时间常数为 $CR_1\left(1+\cfrac{R_1}{R_2}\right)$。

2-21　电路如图 P2-21(a)所示，要求输出电压直流电平抬高 1 V(如图 P2-21(b)所示)，问 A 点电位 U_A 应调到多少伏？

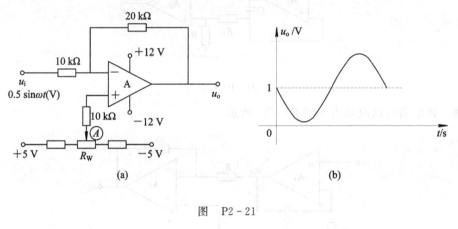

图　P2-21

解　因为输出直流分量 $U_{o=}=1$ V，而

$$U_{o=} = U_A\left(1+\frac{20\ \mathrm{k\Omega}}{10\ \mathrm{k\Omega}}\right) = 3\,U_A = 1\ \mathrm{V}$$

所以

$$U_A = \frac{U_{o=}}{3} = \frac{1}{3}\ \mathrm{V}$$

2-22　电路如图 P2-22 所示，试分析：

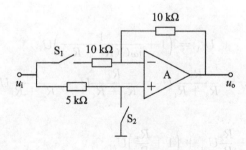

图　P2-22

（1）开关 S_1、S_2 均闭合，$u_o = ?$

（2）开关 S_1、S_2 均断开，$u_o = ?$

（3）开关 S_1 闭合，S_2 断开，$u_o = ?$

解　（1）S_1、S_2 均闭合，$u_o = -u_i$（反相比例放大器）；

（2）S_1、S_2 均断开，$u_o = u_i$（电压跟随器）；

（3）S_1 闭合，S_2 断开，$u_o = u_i$（$A_u = -1 + 2 = 1$）。

第三章 基于集成运放和 *RC* 反馈网络的有源滤波器

3.1 基本要求及重点、难点

1. 基本要求

了解一阶低通、高通，二阶低通、高通、带通、带阻和一阶全通滤波器的传递函数的特点与幅频特性。对于给定滤波器能判断其类型和功能，并定性绘制其幅频特性；能设计和计算一阶低通、高通等简单滤波器电路。

2. 重点、难点

重点：定性了解各类滤波器的传递函数、幅频特性及其特点。

难点：定量分析各类滤波器传递函数（只要求能查书分析与设计，不要求记忆）。

3.2 习题类型分析及例题精解

本章习题类型主要有滤波器类分析题和设计题。

分析类题目一般是给定滤波器电路，要求分析电路所完成的功能，推导传递函数，判断滤波器类型，分析滤波器的频率响应等。

设计类题目是给定设计要求及电路特性，要求选择电路结构，设计并计算满足条件指标的电路元件值。

1. 滤波类题目类型

特别强调的是，设计中选择运放时要求运放本身的频率响应必须远高于设计所要求的频率响应。

（1）滤波器电路一般由运放、电阻、电容构成，即所谓的"有源 *RC* 滤波器"。推导传递函数与一般运算电路的分析方法相同，将电容呈现的阻抗用 $Z_C = \dfrac{1}{j\omega C}$ 或 $\dfrac{1}{sC}$ 来代替，也可以用多级分解技术、叠加原理等方法分析计算。

（2）判断滤波器类型可以将电路的反馈去掉，将相应的无源滤波器画出，然后令 $\omega \to 0$ 或 $\omega \to \infty$ 来观察输出电压的变化。若 $\omega \to 0$，信号容易通过；而 $\omega \to \infty$，信号被衰减、被阻断，则为低通，反之为高通；若 $\omega \to 0$、$\omega \to \infty$ 信号都被衰减、被阻断，只有中间某些频率信号通过，则为带通；若 $\omega \to 0$、$\omega \to \infty$ 信号都可通过，只有某个频率信号被阻断，则为带阻（陷波器）。

如果已知滤波器传递函数，也可以用这种方法判断滤波器类型，并可定性画出滤波器的幅频特性。滤波器的"阶数"由独立的电抗元件决定。

如果电路中只有一个独立电容，则为一阶电路；有两个独立电容，则为二阶电路；以此类推，有 n 个独立电容，就为 n 阶电路。

（3）将推导出的传递函数与标准传递函数对照，可以求出滤波器的重要参数，如截止频率、中心频率、增益、带宽、品质因素等。

【例 3 - 1】 电路分别如图 3 - 1(a)、(b)所示，试分别判断它们的滤波功能及类型。

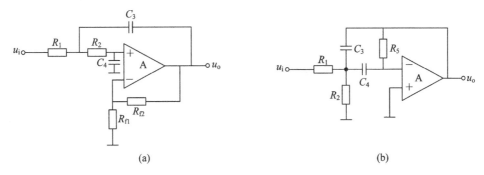

图 3 - 1　例 3 - 1 电路图

解　将图 3 - 1(a)、(b)电路的 RC 网络的反馈去掉，即将接到输出端的反馈支路断开并接地，画出相应的无源 RC 电路如图 3 - 2(a)、(b)所示。

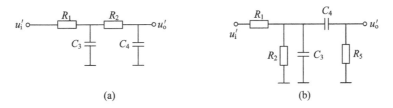

图 3 - 2　无源 RC 电路

对于图 3 - 2(a)所示电路，当 $\omega \to 0$ 时，$u_o' = u_i'$ 信号容易通过；而当 $\omega \to \infty$ 时，信号被电容旁路，输出 $u_o' \to 0$，所以是低通滤波器。另外，电路中有两个独立电容（C_3、C_4），所以该电路是二阶低通滤波器。

对于图 3 - 2(b)所示电路，当 $\omega \to 0$ 时，C_4 阻断信号，$u_o' \to 0$；而当 $\omega \to \infty$ 时，C_3 将信号旁路，$u_o' \to 0$，只有在某些中间频率，信号才能较好地通过，所以是带通滤波器。因为有两个独立电容，所以该电路是二阶带通滤波器。

其幅频特性示意图分别如图 3 - 3(a)、(b)所示。

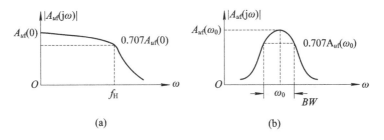

图 3 - 3　幅频特性示意图

2. 关于设计题的考虑

将已学滤波器电路归纳为表 3 - 1，供选择电路结构时参考。

表 3-1 常用一阶、二阶有源滤波器电路

功能	电 路	传递函数及主要参数	幅频特性及相频特性
一阶低通		$A(\mathrm{j}\omega)=-\dfrac{R_2}{R_1}\dfrac{1}{1+\mathrm{j}\omega R_2 C}$ $A(s)=-\dfrac{R_2}{R_1}\dfrac{1}{1+sR_2 C}$ $A_{u0}=-\dfrac{R_2}{R_1}$, $\omega_0=\dfrac{1}{R_2 C}$	
二阶低通	$K_{uf}=(1+R_f/R_1)=A(0)$	$A(5)=\dfrac{A(0)\omega_0^2}{s^2+\dfrac{\omega_0}{Q}s+\omega_0^2}$ $A(0)=1+\dfrac{R_f}{R_1}$, $\omega_0=\dfrac{1}{RC}$ $Q=\dfrac{1}{3-A(0)}$, $A(0)=1$, $Q=0.5$ 为保证稳定, $A(0)<3$, $Q<10$	
二阶高通		$A(s)=\dfrac{A(\infty)s^2}{s^2+\dfrac{\omega_0}{Q}s+\omega_0^2}$ $A(\infty)=1$, $\omega_0=\dfrac{1}{RC}$ $Q=\dfrac{1}{3-A(\omega)}=0.5$ 为保证稳定, $A(\infty)<3$, $Q<10$	
二阶带通		$A(s)=\dfrac{A(\omega_0)\dfrac{\omega_0}{Q}s}{s^2+\dfrac{\omega_0}{Q}s+\omega_0^2}$ $A(\omega_0)=\dfrac{k_{vf}}{5-k_{vf}}=\dfrac{1}{4}=0.25$ $\omega_0=\dfrac{\sqrt{2}}{RC}$ $Q=\dfrac{\sqrt{2}}{5-k_{vf}}=\dfrac{\sqrt{2}}{4}(k_{vf}=1)$ 为保证稳定, k_{vf} 一定要小于5 $BW_{-3\,dB}=\dfrac{\omega_0}{Q}=\dfrac{5-k_{vf}}{RC}$	

功能	电　路	传递函数及主要参数	幅频特性及相频特性
二阶低通（多重反馈）		$A(s)=\dfrac{A(0)\omega_0^2}{s^2+\dfrac{\omega_0}{Q}s+\omega_0^2}$ $A(0)=-\dfrac{R_3}{R_1}$ $\omega_0=\sqrt{\dfrac{1}{R_3R_4C_2C_5}}$ $Q=\dfrac{1}{\sqrt{\dfrac{C_5}{C_2}}\left(\sqrt{\dfrac{R_3}{R_4}}+\sqrt{\dfrac{R_4}{R_3}}+\sqrt{\dfrac{R_3R_4}{R_1}}\right)}$	
二阶带通（多重反馈）		$A(s)=\dfrac{A(\omega_0)\dfrac{\omega_0}{Q}s}{s^2+\dfrac{\omega_0}{Q}s+\omega_0^2}$ 当 $R_2\ll R_1$、$C_3=C_4$ 时 $A(\omega_0)=-\dfrac{R_5}{2R_1}$ $\omega_0=\dfrac{1}{C}\sqrt{\dfrac{1}{R_2R_5}}$ $Q=\dfrac{1}{2}\sqrt{\dfrac{R_5}{R_2}}$ $BW_{-3\,dB}=\dfrac{\omega_0}{Q}=\dfrac{2}{CR_5}$ 调节 R_2，仅改变 ω_0、Q，而 $A(\omega_0)$、$BW_{-3\,dB}$均不变	
二阶带阻（带通＋相加器）		$A(s)=-\dfrac{R_f}{R}\left[1+\dfrac{A(\omega_0)\dfrac{\omega_0}{Q}s}{s^2+\dfrac{\omega_0}{Q}s+\omega_0^2}\right]$ $=-\dfrac{R_f}{R}\left[\dfrac{s^2+\omega_0^2}{s^2+\dfrac{\omega_0}{Q}s+\omega_0^2}\right]$ $[A(\omega_0)=-1,\ R_5=2R_1]$ $\omega_0=\dfrac{1}{C}\sqrt{\dfrac{1}{R_2R_5}}$，$Q=\dfrac{1}{2}\sqrt{\dfrac{R_5}{R_2}}$	

功能	电 路	传递函数及主要参数	幅频特性及相频特性
二阶带阻（双T）网络		$A(s)=\dfrac{s^2+\omega_0^2}{s^2+\dfrac{\omega_0}{Q}s+\omega_0^2}$ $\omega_0=\dfrac{1}{RC}$, $Q=\dfrac{1}{4\left(1-\dfrac{R_2}{R_1+R_2}\right)}$	
一阶全通		$A(s)=\dfrac{1-sR_{\rm T}C_{\rm T}}{1+sR_{\rm T}C_{\rm T}}$ $|A({\rm j}\omega)|=1$ $\Delta\varphi({\rm j}\omega)=-2\,\arctan\omega R_{\rm T}C_{\rm T}$ $\omega_0=\dfrac{1}{R_{\rm T}C_{\rm T}}$	

【例 3-2】 设计电路，将一正弦信号移相 $-90°$。

解 （1）设计方案 1——采用积分器，如图 3-4 所示。

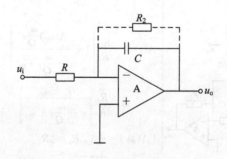

图 3-4 例 3-2 设计方案 1

由图可知：

$$U_{\rm o}({\rm j}\omega)=-\frac{1}{{\rm j}\omega RC}U_{\rm i}({\rm j}\omega)$$

$$A_{uf}(j\omega) = \frac{U_o(j\omega)}{U_i(j\omega)} = |A_{uf}(j\omega)| \angle\varphi(j\omega) = \frac{1}{\omega RC}\angle(-180° - 90°)$$

或

$$u_i = \sin\omega t$$

$$u_o = -\frac{1}{RC}\int\sin\omega t \ dt = -\frac{1}{\omega RC}\cos\omega t$$

可见，输出信号与输入信号移相 $90°$。

此时电路为理想积分器，无直流负反馈，工作点不易稳定，所以可以在 C 上并联一个大电阻 R_2（一般超过 $1\ \text{M}\Omega$，如图 3-4 虚线所示），以保证工作状态稳定。

（2）设计方案 2——采用一阶全通滤波器（即移相器），电路如图 3-5 所示。

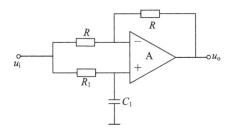

图 3-5 例 3-2 设计方案 2

由图可知：

$$U_o(j\omega) = -U_i(j\omega) + 2\frac{\dfrac{1}{j\omega C_1}}{R_1 + \dfrac{1}{j\omega C_1}}U_i(j\omega)$$

$$A_{uf}(j\omega) = \frac{U_o(j\omega)}{U_i(j\omega)} = \frac{1 - j\omega R_1 C_1}{1 + j\omega R_1 C_1} = 1\angle - 2\arctan\omega R_1 C_1$$

要移相 $90°$，必须选 $\omega R_1 C_1 = 1$，即

$$\omega = \frac{1}{R_1 C_1}$$

式中 ω 为输入信号角频率。

设计方案 1 由积分器构成，其移相是固定不变的 $90°$，而设计方案 2 移相值 $\varphi(j\omega)$ 可调（只要改变 R_1），且可多级级联，以实现 $0°\sim360°$ 之间的任意移相。

3.3 练习题及解答

3-1 在下列各种情况下，分别需要采用哪种类型的滤波器（低通、高通、带通、带阻）：

（1）抑制 $50\ \text{Hz}$ 交流电源的干扰；

（2）处理有 $100\ \text{Hz}$ 固定频率的有用信号；

（3）从输入信号中取出低于 $2\ \text{kHz}$ 的信号；

（4）提取 $10\ \text{MHz}$ 以上的高频信号。

解 （1）带阻；（2）带通；（3）低通；（4）高通。

3-2　设运放为理想运放,在下列几种情况下,它们分别属于哪种类型的滤波器电路,并定性画出其幅频特性曲线。

(1) 理想情况下,当 $f=0$ 和 $f=\infty$ 时的电压增益相等,且不为零;

(2) 直流电压增益就是其通带电压增益;

(3) 理想情况下,当 $f=\infty$ 时的电压增益是其通带电压增益;

(4) 理想情况下,当 $f=0$ 和 $f=\infty$ 时的电压增益都等于零。

解　(1) 带阻;(2) 低通;(3) 高通;(4) 带通。

3-3　试分析图 P3-3 中各电路的运算关系。

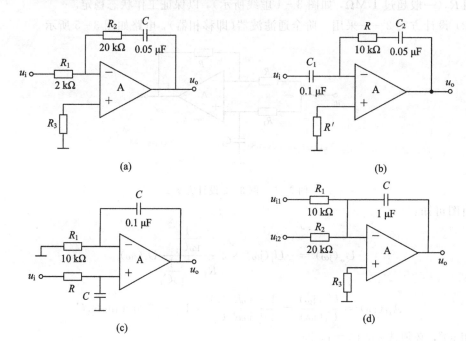

图　P3-3

解

(a)　$u_o = -\dfrac{R_2+\dfrac{1}{j\omega C}}{R_1}u_i = -\left(1+\dfrac{10^3}{j\omega}\right)u_i$

(b)　$u_o = -\dfrac{R_2+\dfrac{1}{j\omega C_1}}{\dfrac{1}{j\omega C_1}}u_i = -\left(2+\dfrac{j\omega}{10^3}\right)u_i$

(c)　$u_o = -\left(1+\dfrac{\dfrac{1}{j\omega C}}{R}\right)\dfrac{\dfrac{1}{j\omega C}}{\dfrac{1}{j\omega C}+R} = -\left(\dfrac{100}{j\omega}u_{i1}+\dfrac{50}{j\omega}u_{i2}\right)$

(d)　$u_o = -\left(\dfrac{\dfrac{1}{j\omega C}}{R_1}u_{i1}+\dfrac{\dfrac{1}{j\omega C}}{R_2}u_{i2}\right) = -\left(\dfrac{100}{j\omega}u_{i1}+\dfrac{50}{j\omega}u_{i2}\right)$

3-4 一阶低通滤波器电路如图 P3-4 所示。

(1) 推导传递函数 $A_u(\mathrm{j}\omega)$ 的表达式;

(2) 若 $R_1 = 10\ \mathrm{k}\Omega$, $R_2 = 100\ \mathrm{k}\Omega$, 求低频增益 A_u 为多少(dB)?

(3) 若要求截止频率 $f_H = 5\ \mathrm{Hz}$, 问 C 的取值应为多少?

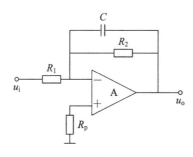

图 P3-4

解 (1)
$$A_u(\mathrm{j}\omega) = \frac{U_o(\mathrm{j}\omega)}{U_i(\mathrm{j}\omega)} = -\frac{R_2 \mathbin{/\!/} \dfrac{1}{\mathrm{j}\omega C}}{R_1} = -\frac{R_2}{R_1}\frac{1}{1+\mathrm{j}\omega R_2 C}$$

(2) 若 $R_1 = 10\ \mathrm{k}\Omega$, $R_2 = 100\ \mathrm{k}\Omega$, 则

$$A_u(0) = -\frac{R_2}{R_1} = -10$$

(3) 若要求 $f_H = 5\ \mathrm{Hz}$, 则因为

$$f_H = \frac{1}{2\pi C R_2}$$

所以

$$C = \frac{1}{2\pi f_H R_2} = \frac{1}{2\pi \times 5 \times 10^5} = 0.318\ \mu\mathrm{F}$$

可取 $C = 0.3\ \mu\mathrm{F}$。

3-5 用四个 $10\ \mathrm{k}\Omega$ 的电阻、两个 $0.01\ \mu\mathrm{F}$ 的电容和一个集成运放可组成一个二阶压控电压源 HPF, 试画出电路图。

解 电路如图 P3-5 所示。

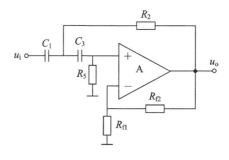

图 P3-5

3-6 分析如图 P3-6 所示电路,定性画出电路的幅频特性,说明该电路属于哪种滤波器。

解 (a) 二阶低通滤波器;(b)二阶低通滤波器。

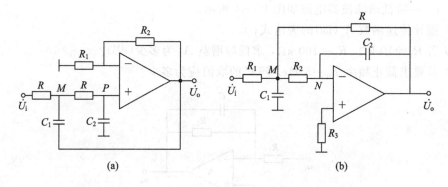

图 P3-6

3-7 某同学连接一个二阶 Sallen-key 高通滤波器，如图 P3-7 所示，$R_2 = R_3 = R$，$C_2 = C_1 = C$，但发现滤波器特性与高通特性不符，请指出错在哪儿？并在图上加以改正。

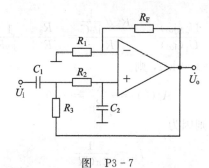

图 P3-7

解 将 R_2 和 C_2 的位置互换。

3-8 在图 P3-8 中，如果要求通频带截止频率为 $f_0 = 2$ kHz，等效品质因数 $Q = 0.707$，试确定电路中电阻和电容元件的参数。

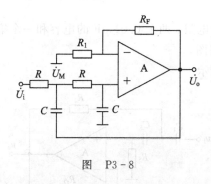

图 P3-8

解

$$H(j\omega) = \frac{u_o(j\omega)}{u_i(j\omega)} = \frac{H(0)\omega_0^2}{s^2 + \frac{\omega_0}{Q}s + \omega_0^2}$$

$$A_F = 1 + \frac{R_F}{R_1}, \quad Q = \frac{1}{3 - A_F}, \quad R_1 = 100 \text{ k}\Omega, \quad R_F = 58.6 \text{ k}\Omega$$

$$f_0 = \frac{1}{2\pi RC}, \quad C = 1 \text{ nF}, \quad R = 79.6 \text{ k}\Omega$$

3-9 试分析图 P3-9 所示各电路分别是哪种类型的滤波器，属于几阶？

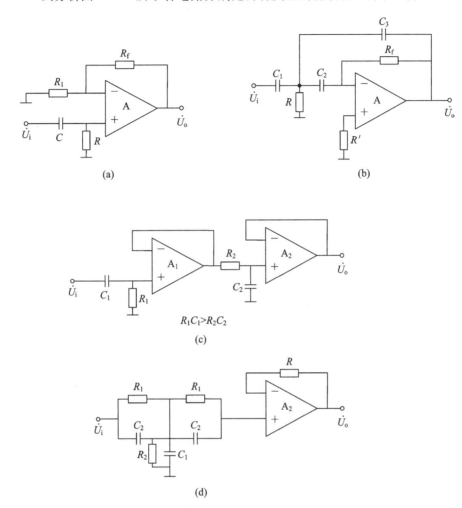

(a)

(b)

(c)

$R_1C_1 > R_2C_2$

(d)

图 P3-9

解 （a）一阶高通；（b）二阶带通；（c）二阶带通；（d）二阶带阻。

3-10 设一阶 LPF 和二阶 HPF 的通带放大倍数均为 2，通带截止频率分别为 2 kHz 和 100 Hz。试用它们构成一个带通滤波器，并定性画出幅频特性曲线。

解 首先设计一阶低通滤波器。低通滤波器中，题目要求增益 $A_f = 2$，截止频率 $f = 2$ kHz，增益 $A_f = 1 + \dfrac{R_3}{R_1}$，截止频率 $f = \dfrac{1}{2\pi RC}$。令 $C_1 = 10$ nF，则有 $R_1 = R_3 = 15.9$ kΩ，$R_2 = 8.0$ Ω，并构建如图 P3-10(a) 所示电路图。

然后设计二阶高通滤波器。高通滤波器中，题目要求增益 $A_f = 2$，截止频率 $f = 100$ Hz，增益 $A_f = 1 + \dfrac{R_7}{R_6}$，截止频率 $f = \dfrac{1}{2\pi RC}$。令 $C_2 = C_3 = 10$ nF，则 $R_4 = R_5 = 159.2$ kΩ，$R_6 = R_7 = 120$ Ω，并构建如图 P3-10(a) 所示电路图。

将一阶低通滤波器与高通滤波器串联，即可得到题目要求的带通滤波器，电路图如图 P3-10(b) 所示。

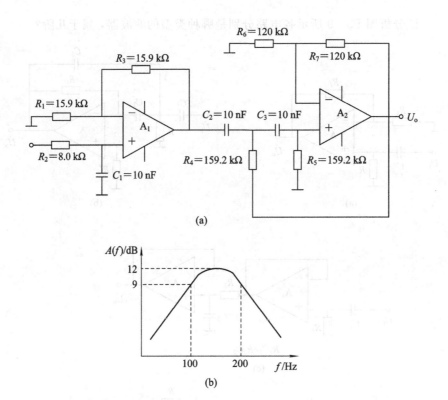

(a)

(b)

图 P3-10

3-11 有源滤波器电路如图 P3-11 所示,试分别指出 4 种电路各属于何种功能的滤波器,画出相应的无源滤波器电路。

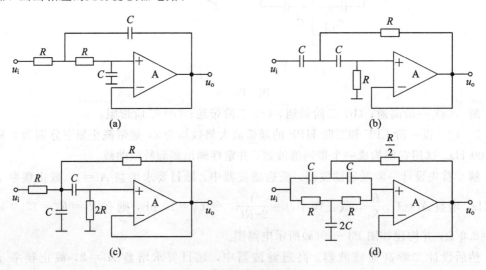

图 P3-11

解 (a)该电路为二阶低通滤波器,其幅频特性及相应的无源滤波器电路如图 P3-11′(a)所示。

(b)该电路为二阶高通滤波器,其幅频特性及相应的无源滤波器电路如图 P3-11′(b)

所示。

（c）该电路为二阶带通滤波器，其幅频特性及相应的无源滤波器电路如图 P3 - 11′(c)所示。

（d）该电路为二阶带阻滤波器（由双 T 网络构成），其幅频特性及相应的无源滤波器电路如图 P3 - 11′(d)所示。

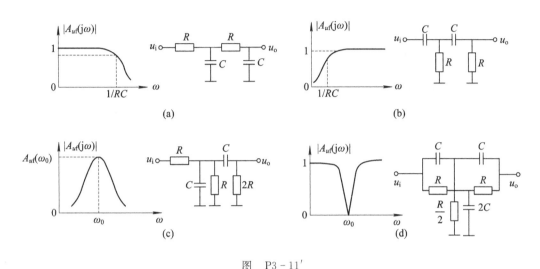

图　P3 - 11′

3 - 12　用 LM324 中的两个运放实现 50 Hz 陷波器的电路如图 P3 - 12 所示。

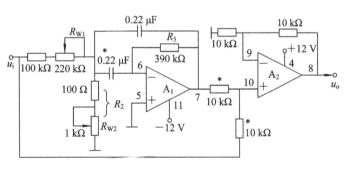

图　P3 - 12

（1）R_{W1} 的调节应满足何指标，其值应为多少？

（2）R_{W2} 的调节应满足何指标，其值应为多少？

解　该电路由带通滤波器和相加器构成，$H(\omega_0) = -1$ 时符合二阶带阻滤波器标准传递函数，分析可得

$$\omega_0 = \frac{1}{C} \sqrt{\frac{1}{(100 + R_{W2})390}}$$

$$2(R_{W1} + 100) = 390 \text{ k}\Omega$$

计算可得

$$R_{W1} = 95 \text{ k}\Omega, \quad R_{W2} = 437 \ \Omega$$

3-13　电路如图 P3-13 所示，求该电路的幅频特性和相频特性，并指出其功能。

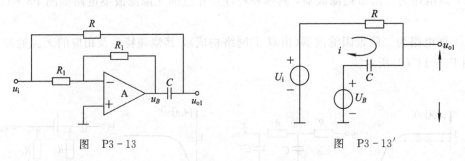

图　P3-13　　　　　　　　　　图　P3-13′

解　(1) 电路可化简为图 P3-13′所示的电路。由图可见

$$U_{o1}(j\omega) = U_R + U_i(j\omega)$$

其中

$$U_R = -iR = \left[\frac{U_i - U_B}{R + \dfrac{1}{j\omega C}}\right]R = -\frac{j\omega RC}{1 + j\omega RC}[U_i(j\omega) - U_B]$$

$$U_B = -\frac{R_1}{R_1}U_i(j\omega) = -U_i(j\omega)$$

所以

$$U_o(j\omega) = \frac{-2j\omega RC}{1 + j\omega RC}\dot{U}_i(j\omega) + U_i(j\omega) = \frac{1 - j\omega RC}{1 + j\omega RC}U_i(j\omega)$$

$$A_{u1}(j\omega) = \frac{U_{o1}(j\omega)}{U_i(j\omega)} = \frac{1 - j\omega RC}{1 + j\omega RC} = |A_{u1}(j\omega)| \angle \varphi_1(j\omega) = 1\angle -2\arctan \omega RC$$

可见图 P3-13 所示电路是一个一阶移相器(一阶全通滤波器)，其幅频特性和相频特性如图P3-13″所示。

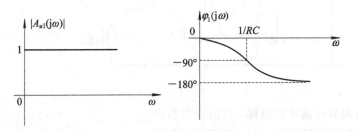

图　P3-13″

3-14　电路如图 P3-14 所示，试回答如下问题：

(1) 若 $C_1 = C_2$，$R_1 = R_2$，求传递函数，并指出电路功能，定性画出幅频特性；

(2) 若 C_1 短路，定性画出幅频特性，并指出电路功能的变化趋势；

(3) 若 C_2 开路，定性画出幅频特性，并

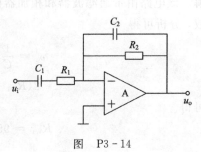

图　P3-14

指出电路功能的变化趋势。

解 （1）根据电路图，有

$$A_{uf}(j\omega) = \frac{U_o(j\omega)}{U_i(j\omega)} = -\frac{R_2 \ /\!/ \ \dfrac{1}{j\omega C_2}}{R_1 + \dfrac{1}{j\omega C_1}} = -\frac{j\omega R_2 C_1}{(1+j\omega R_1 C_1)(1+j\omega R_2 C_2)}$$

若 $C_1 = C_2 = C$，$R_1 = R_2 = R$，则

$$A_{uf}(j\omega) = -\frac{j\omega RC}{(1+j\omega RC)^2}$$

令 $\omega_0 = \dfrac{1}{RC}$，则

$$A_{uf}(j\omega) = -\frac{j\dfrac{\omega}{\omega_0}}{\left(1+j\dfrac{\omega}{\omega_0}\right)^2}$$

可见，该电路是一个二阶带通滤波器，其幅频特性如图 P3-14′(a)所示。

（2）C_1 短路，电路演变为一阶低通滤波器，则

$$A_{uf}(j\omega) = -\frac{R_2 \ /\!/ \ \dfrac{1}{j\omega C_2}}{R_1} = -\frac{R_2}{R_1}\frac{1}{1+j\omega R_2 C_2}$$

其幅频特性如图 P3-14′(b)所示。

（3）C_2 开路，电路演变为一阶高通滤波器，则

$$A_{uf}(j\omega) = -\frac{R_2}{R_1 + \dfrac{1}{j\omega C_1}} = \frac{-j\omega R_2 C_1}{1+j\omega R_1 C_1}$$

其幅频特性如图 P3-14′(c)所示。

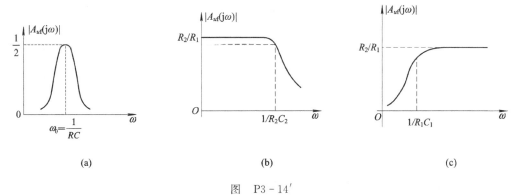

(a)　　　　　　　　　　(b)　　　　　　　　　　(c)

图　P3-14′

3-15　电路如图 P3-15(a)、(b)所示，分别指出该电路的功能（滤波器类型及阶数）。

解　电路(a)为二阶低通滤波器，电路(b)也为二阶低通滤波器。其相应的无源滤波器如图 P3-15′所示。

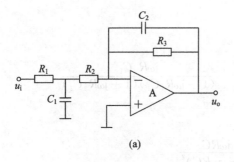

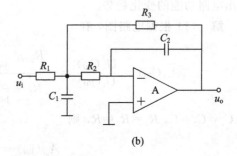

图 P3-15

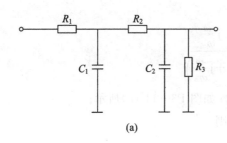

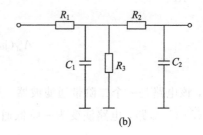

图 P3-15′

3-16 状态变量滤波器电路如图 P3-16 所示，分别指出从 A、B、C、D 输出的滤波器的功能。

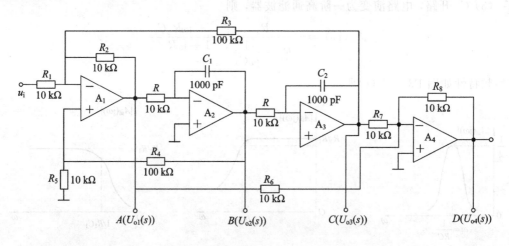

图 P3-16

解 （1）A 点为二阶高通滤波器的输出端；

（2）B 点为二阶带通滤波器的输出端；

（3）C 点为二阶低通滤波器的输出端；

（4）D 点为二阶带阻滤波器的输出端。

因为 A_4 构成一个反相相加器，其输入分别为低通和高通的输出，如图 P3-16′所示，故 D 点是一个带阻滤波器的输出。

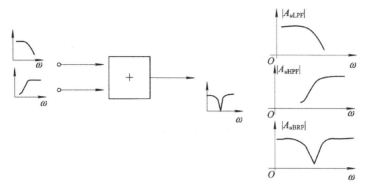

图 P3-16'

3-17 图 P3-17 为差分开关电容积分器,试求出其输出表达式。

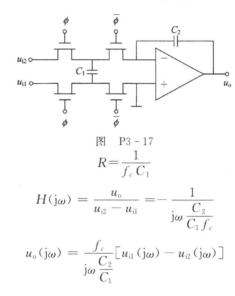

图 P3-17

解
$$R = \frac{1}{f_c C_1}$$

$$H(\mathrm{j}\omega) = \frac{u_\mathrm{o}}{u_{i2} - u_{i1}} = -\frac{1}{\mathrm{j}\omega \dfrac{C_2}{C_1 f_c}}$$

$$u_\mathrm{o}(\mathrm{j}\omega) = \frac{f_c}{\mathrm{j}\omega \dfrac{C_2}{C_1}} [u_{i1}(\mathrm{j}\omega) - u_{i2}(\mathrm{j}\omega)]$$

第四章 常用半导体器件原理及特性

4.1 基本要求及重点、难点

1. 基本要求

（1）理解本征半导体、P型和N型半导体以及漂移电流和扩散电流等基本概念。

（2）掌握PN结的工作原理、单向导电性、击穿特性和电容特性等基本知识。

（3）掌握晶体二极管与稳压二极管的伏安特性、常用参数、温度特性，能够应用简化模型对二极管基本应用电路（包括整流、限幅、电平选择和峰值检波电路）进行分析和计算。

（4）掌握双极型晶体三极管的工作原理、共射输出特性和输入特性曲线及主要参数，熟练掌握直流偏置下晶体管的工作状态分析、计算以及各种晶体管应用电路的分析和计算。

（5）掌握JFET和MOSFET的工作原理、输出特性和转移特性曲线及主要参数，熟练掌握直流偏置下FET的工作状态分析。了解双极型晶体管和场效应管的性能及参数比较。

2. 重点、难点

重点：PN结工作原理，晶体二极管应用电路及晶体三极管和场效应管的工作原理、特性曲线、主要参数及其应用电路的分析和计算。

难点：本章概念较多，晶体三极管尤其是场效应管的工作原理、特性曲线及其应用电路的分析和计算较难掌握，教学中应密切联系应用背景，引起学生的学习兴趣。

4.2 习题类型分析及例题精解

本章习题类型主要包括基本概念理解、分析计算和综合分析等类型。

（1）基本概念理解类题目首先要深刻学习相关原理，记忆专有名词，注意概念准确。

① 半导体物理基础与PN结。理解相关概念及原理，如N型半导体和P型半导体的形成，漂移电流与扩散电流等。

② 晶体二极管。重点理解二极管的交流电阻和直流电阻、管压降、饱和电流的基本概念。

③ 双极型晶体三极管。重点理解其伏安特性及参数含义。

④ 场效应管。重点理解场效应管的分类，其转移特性、输出特性及参数含义，与晶体三极管的对比。

（2）分析计算类题目一般是在理解了基本概念的基础上，掌握相关电路的分析及相关参数的计算方法。

要求掌握二极管、稳压二极管、晶体三极管、场效应管等器件所构成直流偏置电路的原理分析方法,输出特性的理解并能熟练地计算其相关参数。

(3)综合分析类题目的一般要求是:

① 根据晶体三极管和场效应管的工作原理,并理解其输出特性曲线的工作区域特点,在静态时通过计算来判断其工作状态。

② 与集成运放相结合,形成一定的相关应用电路。

1. 半导体物理基础和 PN 结

作为原理基础篇的开始,本章涉及许多新的概念,原理描述较多,引入了不少专有名词。应用时应该注意概念准确,原理描述简洁,专有名词拼写正确。同时,本章相对和相似的内容较多,如 N 型半导体和 P 型半导体,NPN 型晶体管和 PNP 型晶体管,三种 N 沟道场效应管和三种 P 沟道场效应管,等等,学习时应该注意区分,避免混淆。

【例 4 - 1】 半导体中载流子通过什么物理过程产生?半导体电流与哪些因素有关?

答 本征半导体中的载流子通过本征激发产生。杂质半导体中,多子的绝大部分由掺杂产生,极少部分由本征激发产生;少子则单纯由本征激发产生。

半导体电流分为漂移电流和扩散电流。漂移电流与电场强度、载流子的浓度和迁移率有关,扩散电流与载流子沿电流方向单位距离的浓度差即浓度梯度有关。

2. 二极管和稳压二极管

1)二极管的直流电阻和交流电阻

二极管的直流电阻利用其两端的直流电压和其中的直流电流直接计算,也可以利用伏安特性曲线通过图解法得到。图解法求交流电阻误差很大,一般利用热电压和直流电流计算,不加说明时,热电压 U_T 取 26 mV。

【例 4 - 2】 如图 4 - 1 所示,某发光二极管导通电压为 2.5 V,工作电流范围为 18～20 mA。外接 12 V 直流电压源时,需要给二极管串联多大的电阻?

解 电阻 R 的压降 $U_R = 12\ V - 2.5\ V = 9.5\ V$,电流极值 $I_{Rmin} = 18\ mA$,$I_{Rmax} = 20\ mA$,则 R 的最大值

$$R_{max} = \frac{U_R}{I_{Rmin}} = \frac{9.5\ V}{18\ mA} = 528\ \Omega$$

其最小值

$$R_{min} = \frac{U_R}{I_{Rmax}} = \frac{9.5\ V}{20\ mA} = 475\ \Omega$$

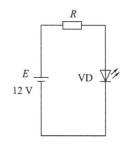

图 4 - 1 例 4 - 2 电路图

所以,发光二极管正常工作时要求串联电阻的取值范围为475 Ω≤R≤528 Ω。

2)二极管的管压降和电流

二极管中的电流即其所在支路的电流,如果电流已知,则可以利用外电路的电压分布间接计算管压降,反之,可以利用已知的管压降从外电路计算二极管中的电流。如果可以精确测量二极管两端的电压,其变化不大时,可以利用二极管交流电阻的近似线性特性来推导二极管中的电流。

【例 4 - 3】 二极管电流测量电路如图 4 - 2 所示。当电源电压 $E = 10$ V 时,电流表读

数 $I_{D1} = 9.7$ mA，则当 $E = 20$ V 时，估计电流表读数 I_{D2}。

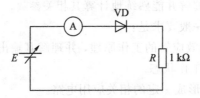

图 4-2　例 4-3 电路图

解　二极管 VD 的管压降

$$U_{D(on)} = E - I_{D1}R = 10 \text{ V} - 9.7 \text{ mA} \times 1 \text{ k}\Omega = 0.3 \text{ V}$$

当 $E = 20$ V 时，电流表读数

$$I_{D2} \approx \frac{E - U_{D(on)}}{R} = \frac{20 \text{ V} - 0.3 \text{ V}}{1 \text{ k}\Omega} = 19.7 \text{ mA}$$

【例 4-4】　二极管电压测量电路如图 4-3 所示。当电源电压 $E = 13.6$ V 时，电压表读数 $U_{D1} = 0.6$ V；E 增大后，电压表读数 $U_{D2} = 0.63$ V，估计此时二极管 VD 中的电流 I_{D2}。

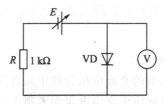

图 4-3　例 4-4 电路图

解　当 $E = 13.6$ V 时，VD 中的电流

$$I_{D1} = \frac{E - U_{D1}}{R} = \frac{13.6 \text{ V} - 0.6 \text{ V}}{1 \text{ k}\Omega} = 13 \text{ mA}$$

VD 的交流电阻

$$r_D \approx \frac{U_T}{I_{D1}} = \frac{26 \text{ mV}}{13 \text{ mA}} = 2 \text{ }\Omega$$

E 增大后，VD 两端的电压变化不大，即

$$\Delta U = U_{D2} - U_{D1} = 0.63 \text{ V} - 0.6 \text{ V} = 0.03 \text{ V} \ll U_{D1}$$

此时 VD 中的电流

$$I_{D2} \approx I_{D1} + \frac{\Delta U}{r_D} = 13 \text{ mA} + \frac{0.03 \text{ V}}{2 \text{ }\Omega} = 28 \text{ mA}$$

3）二极管限幅电路

二极管限幅电路通过内部电路预设一个电压，二极管两端的电压为输入电压与预设电压的叠加。可以首先计算预设电压，结合二极管的导通电压，确定二极管处于导通和截止之间的临界状态时输入电压的临界值，之后再区分输入电压大于或小于临界值的情况，根据输入电压加到二极管上的方向，判断二极管的状态，确定输出电压。对带负载电阻的二极管限幅电路，需要根据电阻分压计算预设电压或输入电压的临界值。

【例 4-5】　二极管限幅电路如图 4-4 所示，其中二极管 VD 的导通电压 $U_{D(on)} =$

0.7 V，输入电压 $u_i = 5\ \sin\omega t\,(\text{V})$，作出输出电压 u_o 的波形。

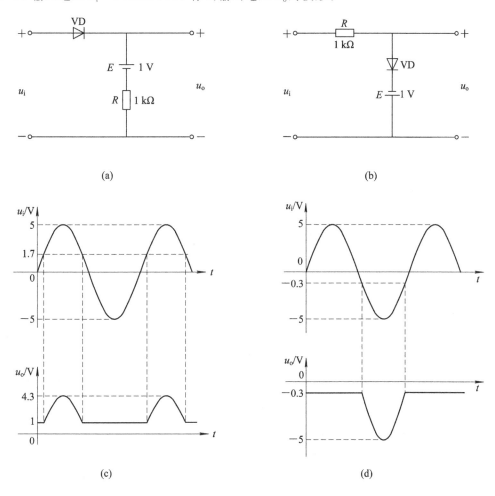

图 4-4 例 4-5 电路图及波形图

解 图 4-4(a) 中，电源电压 E 和电阻 R 的串联支路提供的预设电压为 $E=1$ V，u_i 的临界值为 $E+U_{D(on)}=1$ V $+0.7$ V $=1.7$ V。当 $u_i>1.7$ V 时，VD 导通，$u_o=u_i-U_{D(on)}=u_i-0.7$ V；当 $u_i<1.7$ V 时，VD 截止，$u_o=E=1$ V。u_o 的波形如图 4-4(c) 所示。

图 4-4(b) 中，E 提供的预设电压为 $-E=-1$ V，u_i 的临界值为 $-E+U_{D(on)}=-1$ V $+0.7$ V $=-0.3$ V。当 $u_i>-0.3$ V 时，VD 导通，$u_o=-E+U_{D(on)}=-0.3$ V；当 $u_i<-0.3$ V 时，VD 截止，$u_o=u_i$。u_o 的波形如图 4-4(d) 所示。

【例 4-6】 带负载电阻的二极管限幅电路如图 4-5 所示，其中二极管 VD 的导通电压 $U_{D(on)}=0.3$ V，输入电压 $u_i=3\ \cos\omega t\,(\text{V})$，作出输出电压 u_o 的波形。

解法一 图 4-5(a) 中，电压源电压 E 经过电阻 R 和负载电阻 R_L 分压后提供的预设电压为

$$\frac{R_L}{R+R_L}(-E)=\frac{1\ \text{k}\Omega}{1\ \text{k}\Omega+1\ \text{k}\Omega}(-2\ \text{V})=-1\ \text{V}$$

u_i 的临界值为

$$\frac{R_{\mathrm{L}}}{R+R_{\mathrm{L}}}(-E)-U_{\mathrm{D(on)}}=-1\ \mathrm{V}-0.3\ \mathrm{V}=-1.3\ \mathrm{V}$$

当 $u_{\mathrm{i}}>-1.3\ \mathrm{V}$ 时，VD 截止，则

$$u_{\mathrm{o}}=\frac{R_{\mathrm{L}}}{R+R_{\mathrm{L}}}(-E)=-1\ \mathrm{V}$$

当 $u_{\mathrm{i}}<-1.3\ \mathrm{V}$ 时，VD 导通，$u_{\mathrm{o}}=u_{\mathrm{i}}+U_{\mathrm{D(on)}}=u_{\mathrm{i}}+0.3\ \mathrm{V}$。$u_{\mathrm{o}}$ 的波形如图 4-5(c) 所示。

图 4-5(b) 中，E 提供的预设电压为 $E=1\ \mathrm{V}$，u_{i} 的临界值为

$$\frac{R+R_{\mathrm{L}}}{R_{\mathrm{L}}}(E-U_{\mathrm{D(on)}})=\frac{1\ \mathrm{k\Omega}+1\ \mathrm{k\Omega}}{1\ \mathrm{k\Omega}}(1\ \mathrm{V}-0.3\ \mathrm{V})=1.4\ \mathrm{V}$$

当 $u_{\mathrm{i}}>1.4\ \mathrm{V}$ 时，VD 截止，则

$$u_{\mathrm{o}}=\frac{R_{\mathrm{L}}}{R+R_{\mathrm{L}}}u_{\mathrm{i}}=\frac{1\ \mathrm{k\Omega}}{1\ \mathrm{k\Omega}+1\ \mathrm{k\Omega}}u_{\mathrm{i}}=0.5u_{\mathrm{i}}$$

当 $u_{\mathrm{i}}<1.4\ \mathrm{V}$ 时，VD 导通，$u_{\mathrm{o}}=E-U_{\mathrm{D(on)}}=1\ \mathrm{V}-0.3\ \mathrm{V}=0.7\ \mathrm{V}$。$u_{\mathrm{o}}$ 的波形如图 4-5 (d)所示。

解法二　本例题还有另一种思路及解题方法，就是去掉二极管支路后对端口网络采用戴维南定理进行等效。

对图 4-5(a)所示电路而言，去掉二极管支路后的电路如图 4-5(e)所示。根据戴维南定理，此单口网络可等效为一个电压源 u_{oc} 和电阻 R_0 串联的单口网络。其中 u_{oc} 为单口网络开路时端口处的电压，如图 4-5(e)所示，端口处电压为 R 和 R_{L} 串联后在 R_{L} 上的分压，则

$$u_{\mathrm{oc}}=\frac{R_{\mathrm{L}}}{R+R_{\mathrm{L}}}E=-1\ \mathrm{V}$$

而电阻 R_0 是网络内独立电源 E 为零时单口网络的等效电阻，于是

$$R_0=R\parallel R_{\mathrm{L}}=0.5\ \mathrm{k\Omega}$$

所以图 4-5(e)可等效为图 4-5(f)，再将去掉的二极管支路加上，则得到图 4-5(a)的等效电路，如图 4-5(g)所示。

可见，当 $u_{\mathrm{i}}>-1.3\ \mathrm{V}$ 时，VD 截止，则

$$u_{\mathrm{o}}=-u_{\mathrm{oc}}=-1\ \mathrm{V}$$

当 $u_{\mathrm{i}}<-1.3\ \mathrm{V}$ 时，VD 导通，则

$$u_{\mathrm{o}}=u_{\mathrm{i}}+U_{\mathrm{VD(on)}}=u_{\mathrm{i}}+0.3\ \mathrm{V}$$

所以，u_{o} 的波形仍如图 4-5(c)所示。

同理，对图 4-5(b)所示电路而言，去掉二极管支路后的电路如图 4-5(h)所示。对其采用戴维南定理等效后的电路如图 4-5(i)所示，最终的等效电路如图 4-5(j)所示。

当 $\dfrac{u_{\mathrm{i}}}{2}>0.7\ \mathrm{V}$，即 $u_{\mathrm{i}}>1.4\ \mathrm{V}$ 时，VD 截止，$u_{\mathrm{o}}=\dfrac{u_{\mathrm{i}}}{2}$。

当 $\dfrac{u_{\mathrm{i}}}{2}<0.7\ \mathrm{V}$，即 $u_{\mathrm{i}}<1.4\ \mathrm{V}$ 时，VD 导通，$u_{\mathrm{o}}=E-U_{\mathrm{VD(on)}}=1-0.3=0.7\ \mathrm{V}$。

所以，u_{o} 的波形仍如图 4-5(d)所示。

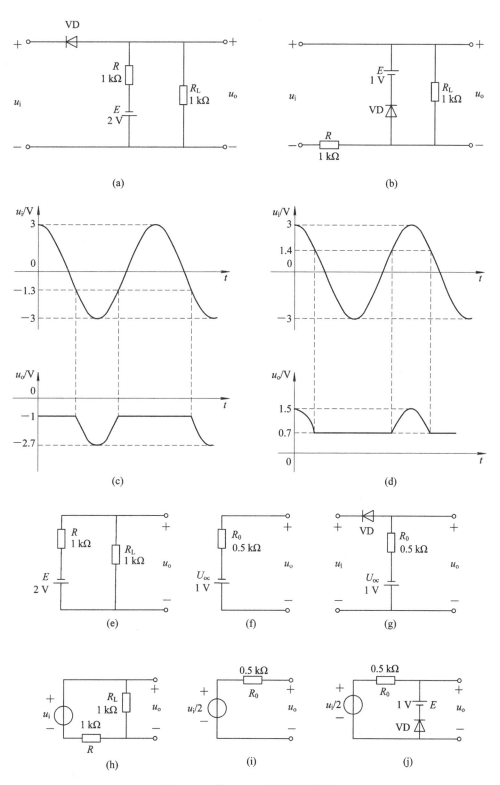

图 4 - 5 例 4 - 6 电路图及波形图

4）稳压二极管电路

稳压二极管除了可以工作在导通和截止状态外，还可以工作在击穿状态，当其反向电压高于稳定电压 U_Z 时，管子击穿，反向电压将稳定为 U_Z。在解决稳压二极管电路问题时，可先将稳压二极管视为开路，计算其反向端电压值 U_A，如果 $U_A < U_Z$，则管子处于截止状态，此处的电压值即为 U_A。若 $U_A \geqslant U_Z$，则管子处于击穿状态，此处的电压值则为 U_Z。

【例 4-7】 稳压二极管电路如图 4-6 所示。稳定电压 $U_Z = 9$ V，工作电流 I_Z 的范围为 $I_{Zmax} = 100$ mA，$I_{Zmin} = 10$ mA，负载电阻 $R_L = 300$ Ω，输入电压 u_i 的变化范围为 17～22 V。确定限流电阻 R 的取值范围，如果接入的 $R = 300$ Ω，会出现什么情况？

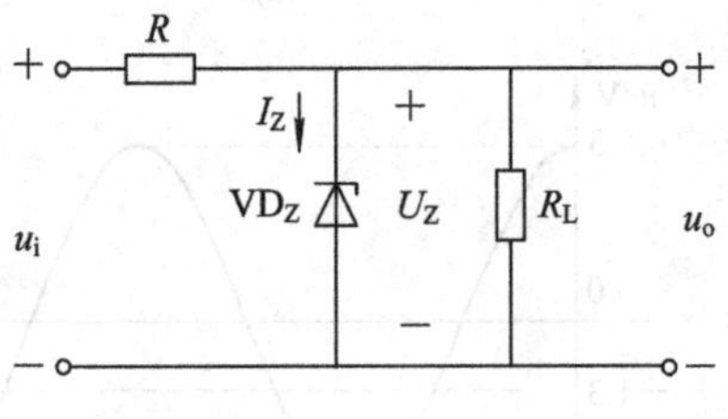

解 由

$$I_{Zmin} < I_Z = \frac{u_i - U_Z}{R} - \frac{U_Z}{R_L} < I_{Zmax}$$

得

$$\frac{u_i - U_Z}{I_{Zmax} + \dfrac{U_Z}{R_L}} < R < \frac{u_i - U_Z}{I_{Zmin} + \dfrac{U_Z}{R_L}}$$

图 4-6 例 4-7 电路图

考虑到 u_i 的变化，上式改写为

$$\frac{u_{imax} - U_Z}{I_{Zmax} + \dfrac{U_Z}{R_L}} < R < \frac{u_{imin} - U_Z}{I_{Zmin} + \dfrac{U_Z}{R_L}}$$

其中

$$\frac{u_{imax} - U_Z}{I_{Zmax} + \dfrac{U_Z}{R_L}} = \frac{22 \text{ V} - 9 \text{ V}}{100 \text{ mA} + \dfrac{9 \text{ V}}{300 \text{ Ω}}} = 100 \text{ Ω}$$

$$\frac{u_{imin} - U_Z}{I_{Zmin} + \dfrac{U_Z}{R_L}} = \frac{17 \text{ V} - 9 \text{ V}}{10 \text{ mA} + \dfrac{9 \text{ V}}{300 \text{ Ω}}} = 200 \text{ Ω}$$

所以 R 的取值范围为 100～200 Ω。

如果接入的 $R = 300$ Ω，稳压二极管 VD_Z 开路时，u_i 经过 R_L 与 R 分压后提供的反相电压变化范围为

$$\frac{R_L}{R + R_L} u_i = \frac{300 \text{ Ω}}{300 \text{ Ω} + 300 \text{ Ω}} u_i = 0.5 u_i$$

则当 u_i 在 17 V 和 18 V 之间时，反相电压 $0.5 u_i$ 在 8.5 V 和 9 V 之间，此阶段 VD_Z 截止，不起稳压作用，$u_o = [R_L/(R + R_L)]u_i = 0.5 u_i$ 可变。

5）二极管与集成运算放大器结合的精密二极管电路

此类电路中，输入电压输入到集成运放的一个输入端，另一个输入端电压的取值固定，如接地。根据该固定电压把输入电压分为两个取值阶段，对两个阶段分别进行以下分析：首先假设二极管均不导通，运放处于开环状态，根据该阶段反相输入端和同相输入端的电压关系确定输出电压是正电压还是负电压，继而确定输出端二极管是导通还是截止。如果因为二极管导通而存在集成运放的负反馈，则集成运放作为放大器使用，具有"虚短"和"虚断"特点；如果不存在负反馈，则集成运放作开环处理。至此，二极管的状态和集成运放的作用都已确定，可以继续分析该阶段输出电压与输入电压的关系。

【例 4 - 8】 推导图 4 - 7 所示电路的输出电压 u_o 的表达式。

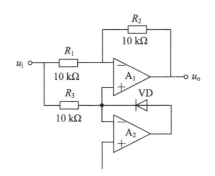

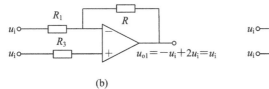

(b)

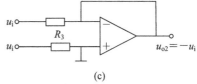

(c)

图 4 - 7　例 4 - 8 电路图

解　图 4 - 7 中，当 $u_i > 0$ 时，二极管 VD 截止，电路可等效为图 4 - 7(b)，集成运放 A_1 的输入电压 $u_{1-} = u_{1+} = u_i$，输出电压

$$u_o = \frac{u_{1-} - u_i}{R_1}R_2 + u_{1-} = u_i$$

当 $u_i < 0$ 时，VD 导通，图 4 - 7(a) 可等效为图 4 - 7(c)，A_1 构成反相比例放大器，有

$$u_o = -\frac{R_2}{R_1}u_i = -u_i$$

根据以上分析，在任意时刻，$u_o = |u_i|$，可见该电路是精密绝对值电路。

3. 晶体管和场效应管工作状态

1）晶体管工作状态判断

判断电路中的晶体管处于何种状态，可以按以下步骤进行：

（1）首先判断发射结是正偏、反偏还是零偏。在这里可以根据电路的特点进行定性判断；也可以通过定量计算进行判断，即计算外围电路加在发射结上的压降 U_{BE}，将其与 $U_{BE(on)}$ 进行比较，若 $U_{BE} > U_{BE(on)}$，则为正偏，否则为反偏或零偏。

（2）若发射结为反偏或零偏，即晶体管处于截止状态，各级电流 I_B、I_C、I_E 都为零，此时晶体管输出电压 $U_{CE} = U_{CC}$。

（3）若发射结为正偏，则晶体管处于导通状态。导通状态又分为放大和饱和两种。

下面以 NPN 晶体管为例介绍晶体管是工作在放大区还是饱和区的判断过程。

首先，假设晶体管工作在放大区。

其次，计算 U_{CE} 的值。若 $U_{CE} > 0.7$ V(PN 结的管压降)，说明集电结(C 极)反偏，则工作在放大区。若 $U_{CE} < 0.7$ V，说明集电结正偏，则工作在饱和区。此时，$U_{CE} = U_{CE(sat)}$，而不是假设为放大状态时计算出来的值了，再根据此时的 U_{CE} 值去计算 C 极电流 I_{CS} 的值。

同理，对于 PNP 晶体管而言，判断方法则相反。

【例 4 - 9】 晶体管直流偏置电路和有关参数如图 4 - 8 所示，判断晶体管的工作状态并计算极间电压 U_{CE}。

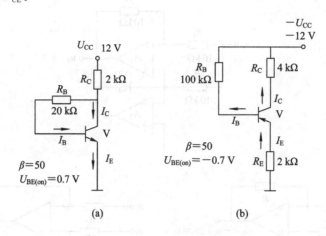

图 4 - 8 例 4 - 9 电路图

解 在图 4 - 8(a)中标出 NPN 型晶体管极电流的实际流向。发射极直接接地，基极所接直流偏置电压源为正电压，确定发射结正偏，晶体管处于导通状态。假设晶体管处于放大状态，则

$$U_{CC} - I_E R_C - I_B R_B - U_{BE(on)} = U_{CC} - (1+\beta)I_B R_C - I_B R_B - U_{BE(on)}$$
$$= 12\ V - (1+50)I_B \times 2\ k\Omega - I_B \times 20\ k\Omega - 0.7\ V$$
$$= 0$$

计算出 $I_B = 92.6\ \mu A$，则可得 $I_C = \beta I_B$，$I_E = (1+\beta)I_B$。由图 4 - 8 知 $U_C = U_{CC} - I_E R_C = 2.55$ V，$U_E = 0$，则 $U_{CE} = U_C - U_E = 2.55\ V > 0.7\ V$，故假设成立，晶体管工作在放大区，以上结果正确，极间电压 $U_{CE} = 2.55\ V$。

在图 4 - 8(b)中标出 PNP 型晶体管极电流的实际流向。发射极经过电阻 R_E 接地，基极通过电阻接负电源，所以该 PNP 型晶体管的发射结正偏，处于导通状态，于是假设晶体管工作在放大状态。根据电路有

$$-U_{CC} + I_B R_B - U_{BE(on)} + I_E R_E = -U_{CC} + I_B R_B - U_{BE(on)} + (1+\beta)I_B R_E$$
$$= -12\ V + I_B \times 100\ k\Omega - (-0.7\ V) + (1+50)I_B \times 2\ k\Omega$$
$$= 0$$

计算出 $I_B = 55.9\ \mu A$，又由图 4 - 8 可知

$$U_C = -U_{CC} + I_C R_C = -U_{CC} + \beta I_B R_C$$
$$= -12\ V + 50 \times 55.9\ \mu A \times 4\ k\Omega = -0.82\ V$$

注意，这里 R_C 的电压 $U_{R_C} = I_C R_C$ 是相对于地的，应为负压。又 $U_E = I_E R_E = (1+\beta)I_B R_E = -5.7\ V$，所以，$U_{CE} = U_C - U_E = 4.88\ V > 0.7\ V$，故集电结正偏（注意是 PNP 管），晶体管工作在饱和区，于是此时 $U_{CE} = U_{CE(sat)}$。实际的饱和电流应用 $I_{CS} = \dfrac{|U_{CC}| - |U_{CE(sat)}|}{R_C + R_E}$ 计算得到。

2）场效应管工作状态判断

场效应管工作状态的判断类似于晶体管工作状态的判断方法。比如，对于 N 沟道

JFET，若 $U_{GS} \geq U_{GS(off)}$，则晶体管导通。在导通前提下，若 $U_{DG} = U_{DS} - U_{GS} > -U_{GS(off)}$，则处于恒流区，否则处于可变电阻区。对于增强型 MOS 管，若 $U_{GS} > U_{GS(th)}$，则晶体管导通。在导通前提下，若 $U_{DG} = U_{DS} - U_{GS} > -U_{GS(th)}$，则工作在恒流区，否则工作在可变电阻区。

【例 4-10】 场效应管直流偏置电路和有关参数如图 4-9 所示，判断场效应管的工作状态并计算极间电压 U_{DS}。

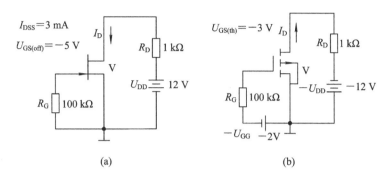

(a)   (b)

图 4-9 例 4-10 电路图

解 图 4-9(a)中，$U_{GS} = 0 > U_{GS(off)} = -5\text{ V}$，所以场效应管工作在导通区，$I_D = I_{DSS} = 3\text{ mA}$，$U_{DG} = U_{DS} - U_{GS} = U_{DS} = U_{DD} - I_D R_D = 12\text{ V} - 3\text{ mA} \times 1\text{ k}\Omega = 9\text{ V} > -U_{GS(off)} = 5\text{ V}$，所以场效应管工作在恒流区，$U_{DS} = U_{DG} = 9\text{ V}$。

图 4-9(b)中，$U_{GS} = -U_{GG} = -2\text{ V} > U_{GS(th)} = -3\text{ V}$，所以场效应管工作在截止区，$I_D = 0$，$U_{DS} = -U_{DD} + I_D R_D = -U_{DD} = -12\text{ V}$。

4.3 练习题及解答

4-1 本征半导体中，自由电子浓度_____空穴浓度；杂质半导体中，多子的浓度与_____有关。

答 等于；掺杂浓度。

4-2 扩散电流与_____有关，而漂移电流则取决于_____；PN 结正偏时，耗尽区_____，扩散电流_____漂移电流。

答 载流子浓度差，电场强度；变窄，大于。

4-3 二极管的伏安特性如图 P4-3 所示。求点 A、B 处的直流电阻 R_D 和交流电

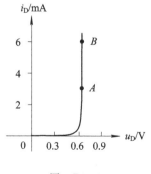

图 P4-3

阻 r_D。

解 A 点处电压 $U_{DA} = 0.6$ V，电流 $I_{DA} = 3$ mA，则直流电阻

$$R_{DA} = \frac{U_{DA}}{I_{DA}} = \frac{0.6 \text{ V}}{3 \text{ mA}} = 200 \text{ } \Omega$$

交流电阻

$$r_{DA} = \frac{U_T}{I_{DA}} = \frac{26 \text{ mV}}{3 \text{ mA}} = 8.67 \text{ } \Omega$$

B 点处电压 $U_{DB} = 0.6$ V，电流 $I_{DB} = 6$ mA，则直流电阻

$$R_{DB} = \frac{U_{DB}}{I_{DB}} = \frac{0.6 \text{ V}}{6 \text{ mA}} = 100 \text{ } \Omega$$

交流电阻

$$r_{DB} = \frac{U_T}{I_{DB}} = \frac{26 \text{ mV}}{6 \text{ mA}} = 4.33 \text{ } \Omega$$

4-4 二极管的伏安特性如图 P4-4 所示，计算直流静态工作点 Q 处的直流电阻 R_D 和交流电阻 r_D。

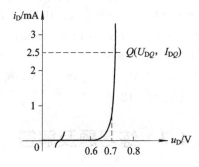

图 P4-4

解 Q 处直流电压 $U_{DQ} = 0.7$ V，直流电流 $I_{DQ} = 2.5$ mA，则直流电阻

$$R_D = \frac{U_{DQ}}{I_{DQ}} = \frac{0.7 \text{ V}}{2.5 \text{ mA}} = 280 \text{ } \Omega$$

交流电阻

$$r_D \approx \frac{U_T}{I_{DQ}} = \frac{26 \text{ mV}}{2.5 \text{ mA}} = 10.4 \text{ } \Omega$$

4-5 某二极管电路如图 P4-5 所示。当 $E = 4$ V 时，电流表读数 $I = 3.4$ mA，当 E 增加到 6 V 时，I 的测量结果如何？另一二极管 $U_D = 0.65$ V 时，测得 $I_{D0} = 13$ mA，当 $U_D = 0.67$ V 时，I_D 应该是多少？

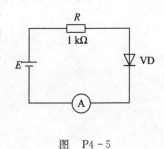

图 P4-5

解 根据图示电路，有

$$I = \frac{E - U_{D(on)}}{R}$$

所以

$$U_{D(on)} = E - IR = 4 \text{ V} - 3.4 \text{ mA} \times 1 \text{ k}\Omega = 0.6 \text{ V}$$

当 $E = 6$ V 时，测量结果为

$$I = \frac{E - U_{D(on)}}{R} = \frac{6\ \text{V} - 0.6\ \text{V}}{1\ \text{k}\Omega} = 5.4\ \text{mA}$$

由 $I_{D0} = 13\ \text{mA}$，得二极管的交流电阻

$$r_D = \frac{U_T}{I_{D0}} = \frac{26\ \text{mV}}{13\ \text{mA}} = 2\ \Omega$$

U_D 的增加量 $\Delta U_D = 0.67\ \text{V} - 0.65\ \text{V} = 0.02\ \text{V}$ 很小，所以 I_D 可以线性近似得到

$$I_D = I_{D0} + \frac{\Delta U_D}{r_D} = 13\ \text{mA} + \frac{0.02\ \text{V}}{2\ \Omega} = 23\ \text{mA}$$

4 - 6　计算图 P4 - 6 所示电路中节点 A、B 的电压，已知二极管导通电压 $U_{D(on)} = 0.7\ \text{V}$。

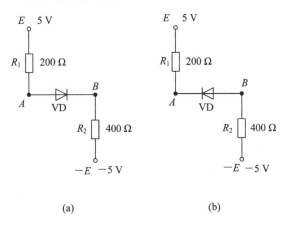

(a)　　　　　　　　(b)

图　P4 - 6

解　图 P4 - 6(a) 中，二极管 VD 导通，电阻 R_1 和 R_2 的总压降为

$$U = E - (-E) - U_{D(on)} = 5\ \text{V} - (-5\ \text{V}) - 0.7\ \text{V} = 9.3\ \text{V}$$

根据串联分压的比例关系，R_1 的压降

$$U_{R1} = \frac{R_1}{R_2 + R_1} U = \frac{200\ \Omega}{400\ \Omega + 200\ \Omega} 9.3\ \text{V} = 3.1\ \text{V}$$

所以节点 A 的电压

$$U_A = E - U_{R1} = 5\ \text{V} - 3.1\ \text{V} = 1.9\ \text{V}$$

R_2 的压降

$$U_{R2} = U - U_{R1} = 9.3\ \text{V} - 3.1\ \text{V} = 6.2\ \text{V}$$

所以节点 B 的电压

$$U_B = -E + U_{R2} = -5\ \text{V} + 6.2\ \text{V} = 1.2\ \text{V}$$

图 P4 - 6(b) 中，二极管 VD 截止，电路中没有电流，R_1 和 R_2 的压降为零，所以 $U_A = E = 5\ \text{V}$，$U_B = -E = -5\ \text{V}$。

4 - 7　二极管限幅电路如图 P4 - 7 所示。输入电压 $u_i = 5\ \sin\omega t(\text{V})$，画出输出电压 u_o 的波形。

解　以下分析中，设二极管 VD 的导通电压 $U_{D(on)} = 0.7\ \text{V}$。

图 P4 - 7(a) 中，u_i 的临界值为 $E - U_{D(on)} = 2\ \text{V} - 0.7\ \text{V} = 1.3\ \text{V}$。当 $u_i > 1.3\ \text{V}$ 时，VD 截止，$u_o = E = 2\ \text{V}$；当 $u_i < 1.3\ \text{V}$ 时，VD 导通，$u_o = u_i + U_{D(on)} = u_i + 0.7\ \text{V}$。$u_o$ 的波形如图 P4 - 7'(a) 所示。

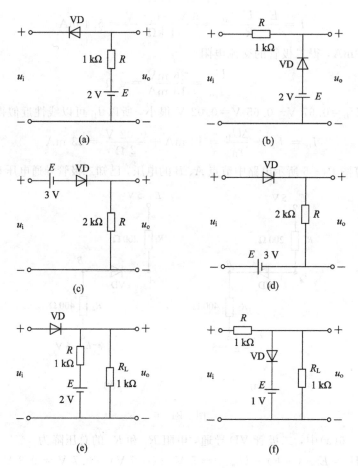

图　P4-7

图 P4-7(b)中，u_i 的临界值为 $-E-U_{D(on)}=-2$ V-0.7 V$=-2.7$ V。当 $u_i>$ -2.7 V 时，VD 截止，$u_o=u_i$；当 $u_i<-2.7$ V 时，VD 导通，$u_o=-E-U_{D(on)}=-2.7$ V。u_o 的波形如图 P4-7$'$(b)所示。

图 P4-7(c)中，u_i 的临界值为 $E+U_{D(on)}=3$ V$+0.7$ V$=3.7$ V。当 $u_i>3.7$ V 时，VD 导通，$u_o=u_i-E-U_{D(on)}=u_i-3.7$ V；当 $u_i<3.7$ V 时，VD 截止，$u_o=0$。u_o 的波形如图 P4-7$'$(c)所示。

图 P4-7(d)中，u_i 的临界值为 $U_{D(on)}-E=0.7$ V-3 V$=-2.3$ V。当 $u_i>-2.3$ V 时，VD 导通，$u_o=u_i+E=u_i+3$ V；当 $u_i<-2.3$ V 时，VD 截止，$u_o=0$。u_o 的波形如图 P4-7$'$(d)所示。

图 P4-7(e)中，u_i 的临界值为

$$U_{D(on)}+\frac{R_L}{R+R_L}E=0.7 \text{ V}+\frac{1 \text{ k}\Omega}{1 \text{ k}\Omega+1 \text{ k}\Omega}2 \text{ V}=1.7 \text{ V}$$

当 $u_i>1.7$ V 时，VD 导通，$u_o=u_i-U_{D(on)}=u_i-0.7$ V；当 $u_i<1.7$ V 时，VD 截止，则

$$u_o=\frac{R_L}{R+R_L}E=1 \text{ V}$$

u_o 的波形如图 P4-7$'$(e)所示。

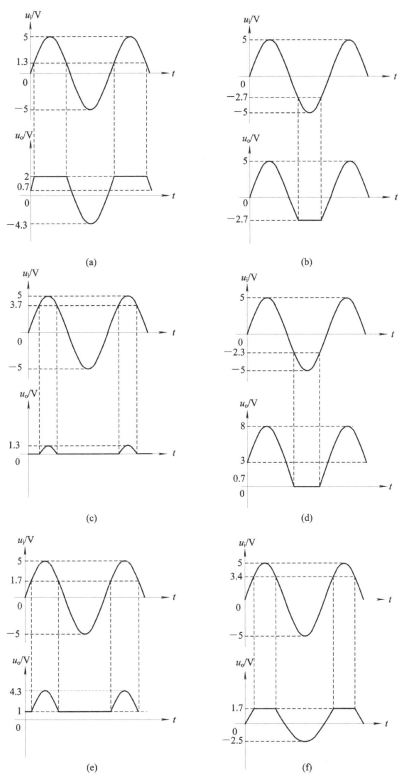

图　P4 - 7′

图 P4-7(f)中，u_i 的临界值为

$$\frac{R+R_L}{R_L}(U_{D(on)} + E) = \frac{1\ \text{k}\Omega + 1\ \text{k}\Omega}{1\ \text{k}\Omega}(0.7\ \text{V} + 1\ \text{V}) = 3.4\ \text{V}$$

当 $u_i > 3.4$ V 时，VD 导通，$u_o = U_{D(on)} + E = 0.7\ \text{V} + 1\ \text{V} = 1.7\ \text{V}$；当 $u_i < 3.4$ V 时，VD 截止，

$$u_o = \frac{R_L}{R+R_L}u_i = 0.5u_i$$

u_o 的波形如图 P4-7'(f)所示。

4-8 稳压二极管电路如图 P4-8 所示。已知稳定电压 $U_Z = 10$ V，工作电流范围为 $I_{Zmax} = 100$ mA，$I_{Zmin} = 2$ mA，限流电阻 $R = 100\ \Omega$。

(1) 如果负载电阻 $R_L = 250\ \Omega$，求输入电压 u_i 的允许变化范围；

(2) 如果 $u_i = 22$ V，求 R_L 的允许变化范围。

解 (1) 由

$$I_Z = \frac{u_i - U_Z}{R} - \frac{U_Z}{R_L}$$

得

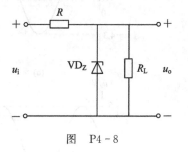

图 P4-8

$$u_i = \left(I_Z + \frac{U_Z}{R_L}\right)R + U_Z$$

当 $I_Z = I_{Zmax} = 100$ mA 时，u_i 的最大值

$$u_{imax} = \left(I_{Zmax} + \frac{U_Z}{R_L}\right)R + U_Z = \left(100\ \text{mA} + \frac{10\ \text{V}}{250\ \Omega}\right)100\ \Omega + 10\ \text{V} = 24\ \text{V}$$

当 $I_Z = I_{Zmin} = 2$ mA 时，u_i 的最小值

$$u_{imin} = \left(I_{Zmin} + \frac{U_Z}{R_L}\right)R + U_Z = \left(2\ \text{mA} + \frac{10\ \text{V}}{250\ \Omega}\right)100\ \Omega + 10\ \text{V} = 14.2\ \text{V}$$

所以 u_i 的允许变化范围为 14.2 V $\leqslant u_i \leqslant$ 24 V。

(2) 由

$$I_Z = \frac{u_i - U_Z}{R} - \frac{U_Z}{R_L}$$

得

$$R_L = \frac{U_Z}{\dfrac{u_i - U_Z}{R} - I_Z} = \frac{U_Z R}{u_i - U_Z - I_Z R}$$

当 $I_Z = I_{Zmax} = 100$ mA 时，R_L 的最大值

$$R_{Lmax} = \frac{U_Z R}{u_i - U_Z - I_{Zmax}R} = \frac{10\ \text{V} \times 100\ \Omega}{22\ \text{V} - 10\ \text{V} - 100\ \text{mA} \times 100\ \Omega} = 500\ \Omega$$

当 $I_Z = I_{Zmin} = 2$ mA 时，R_L 的最小值

$$R_{Lmin} = \frac{U_Z R}{u_i - U_Z - I_{Zmin}R} = \frac{10\ \text{V} \times 100\ \Omega}{22\ \text{V} - 10\ \text{V} - 2\ \text{mA} \times 100\ \Omega} = 84.7\ \Omega$$

所以 R_L 的允许变化范围为 84.7 $\Omega \leqslant R_L \leqslant$ 500 Ω。

4-9 图 P4-9 所示电路中，已知稳压二极管 VD_{Z1} 和 VD_{Z2} 的稳定电压分别为 $U_{Z1}=6$ V，$U_{Z2}=4$ V，导通电压 $U_{D(on)}$ 均为 0.7 V。确定每个电路的传输特性。

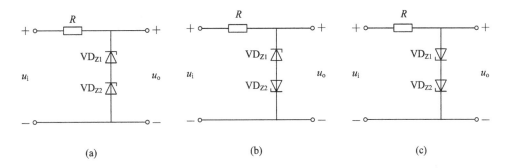

图 P4-9

解 图 P4-9(a)中，当 $u_i > U_{Z1} + U_{Z2} = 6$ V+4 V=10 V 时，VD_{Z1} 和 VD_{Z2} 都击穿，$u_o = U_{Z1} + U_{Z2} = 10$ V；当 $u_i < -2U_{D(on)} = -2 \times 0.7$ V=-1.4 V 时，VD_{Z1} 和 VD_{Z2} 都导通，$u_o = -2U_{D(on)} = -1.4$ V；而当 $-2U_{D(on)} = -1.4$ V$< u_i < U_{Z1} + U_{Z2} = 10$ V 时，VD_{Z1} 和 VD_{Z2} 都截止，$u_o = u_i$。根据以上分析，该电路的电压传输特性如图 P4-9'(a)所示。

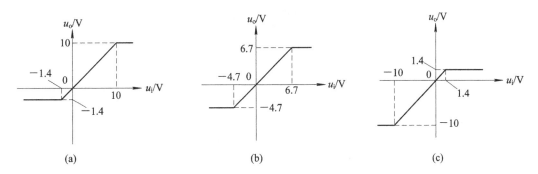

图 P4-9'

图 P4-9(b)中，当 $u_i > U_{Z1} + U_{D(on)} = 6$ V+0.7 V=6.7 V 时，VD_{Z1} 击穿，VD_{Z2} 导通，$u_o = U_{Z1} + U_{D(on)} = 6.7$ V；当 $u_i < -(U_{Z2} + U_{D(on)}) = -(4$ V+0.7 V)=-4.7 V 时，VD_{Z1} 导通，VD_{Z2} 击穿，$u_o = -(U_{Z2} + U_{D(on)}) = -4.7$ V；而当 $-(U_{Z2} + U_{D(on)}) = -4.7$ V$< u_i < U_{Z1} + U_{D(on)} = 6.7$ V 时，VD_{Z1} 和 VD_{Z2} 都截止，$u_o = u_i$。根据以上分析，该电路的电压传输特性如图 P4-9'(b)所示。

图 P4-9(c)中，当 $u_i > 2U_{D(on)} = 2 \times 0.7$ V=1.4 V 时，VD_{Z1} 和 VD_{Z2} 都导通，$u_o = 2U_{D(on)} = 1.4$ V；当 $u_i < -(U_{Z1} + U_{Z2}) = -(6$ V+4 V)=-10 V 时，VD_{Z1} 和 VD_{Z2} 都击穿，$u_o = -(U_{Z1} + U_{Z2}) = -10$ V；而当 $-(U_{Z1} + U_{Z2}) = -10$ V$< u_i < 2U_{D(on)} = 1.4$ V 时，VD_{Z1} 和 VD_{Z2} 都截止，$u_o = u_i$。根据以上分析，该电路的电压传输特性如图 P4-9'(c)所示。

4-10 求图 P4-10 所示电路的输出电压 U_O，已知稳压二极管 VD_{Z1} 和 VD_{Z2} 的稳定电压分别为 $U_{Z1}=6$ V，$U_{Z2}=7$ V，导通电压 $U_{D(on)}$ 均为 0.7 V。

解 图 P4-10(a)中，因为 $U_{Z1} < U_{Z2}$，所以 VD_{Z1} 首先击穿，其两端电压为 U_{Z1}，该电压使 VD_{Z2} 反偏而又不致击穿，所以处于截止状态，$U_O = U_{Z1} = 6$ V。

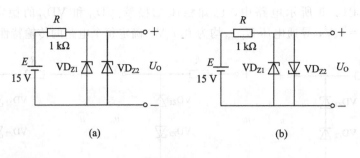

图 P4-10

图 P4-10(b)中，VD_{Z2} 导通，其两端电压为 $U_{D(on)}$，该电压使 VD_{Z1} 反偏而又不致击穿，所以处于截止状态，$U_O = U_{D(on)} = 0.7\ V$。

4-11 推导图 P4-11 所示电路的输出电压 u_o 的表达式。

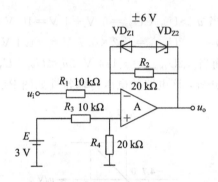

图 P4-11

解 图 P4-11 中，当稳压二极管 VD_{Z1} 和 VD_{Z2} 都截止时，集成运放的输入电压

$$u_- = u_+ = \frac{R_4}{R_3 + R_4}E = \frac{20\ k\Omega}{10\ k\Omega + 20\ k\Omega}3\ V = 2\ V$$

$$u_o = \frac{u_- - u_i}{R_1}R_2 + u_- = \frac{2\ V - u_i}{10\ k\Omega}20\ k\Omega + 2\ V = 6\ V - 2u_i$$

经过 VD_{Z1} 和 VD_{Z2} 的限幅，u_o 的最大值 $u_{omax} = 6\ V + 2\ V = 8\ V$，根据上式求得此时 $u_i = -1\ V$；u_o 的最小值 $u_{omin} = -6\ V + 2\ V = -4\ V$，对应的 $u_i = 5\ V$。根据以上分析，u_o 的表达式为

$$u_o = \begin{cases} 8\ V & u_i < -1\ V \\ 6\ V - 2u_i & -1\ V < u_i < 5\ V \\ -4\ V & u_i > 5\ V \end{cases}$$

4-12 判断图 P4-12 中晶体管和场效应管的工作状态。

解 图 P4-12(a)中，可以确定发射结正偏，所以晶体管处于放大状态或饱和状态。假设其处于放大状态，则 $I_B R_B + U_{BE(on)} + (1+\beta)I_B R_E = U_{CC}$，即 $I_B \times 370\ k\Omega + 0.6\ V + (1+100)I_B \times 2\ k\Omega = 12\ V$，计算出 $I_B = 20\ \mu A$，则 $I_C = \beta I_B = 100 \times 20\ \mu A = 2\ mA$。

$$U_{CB} = U_C - U_B = (U_{CC} - I_C R_C) - (U_{CC} - I_B R_B) = I_B R_B - I_C R_C$$

$$= 20\ \mu A \times 370\ k\Omega - 2\ mA \times 1.5\ k\Omega = 4.4\ V > 0.7\ V$$

所以集电结反偏，假设成立，晶体管处于放大状态。

图 P4-12(b)中，$U_{GS}=0<U_{GS(off)}$，所以场效应管工作在恒流区或可变电阻区，且 $I_D=I_{DSS}=-4$ mA。

$$U_{DG}=U_{DS}=U_{DD}-I_DR_D=-12 \text{ V}-(-4 \text{ mA})\times 1 \text{ k}\Omega=-8 \text{ V}<-U_{GS(off)}$$

所以场效应管工作在恒流区。

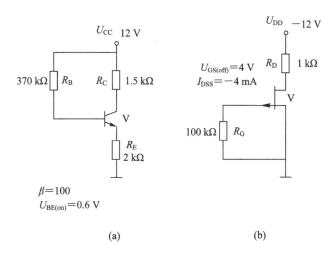

(a)   (b)

图　P4-12

4-13　实验测得图 P4-13 中两个放大状态下的晶体管三极的电位分别为

(1) $U_1=3$ V，$U_2=6$ V，$U_3=3.7$ V；

(2) $U_4=-2.7$ V，$U_5=-2$ V，$U_6=-5$ V。

判断每个晶体管的类型，标出其基极、发射极和集电极。

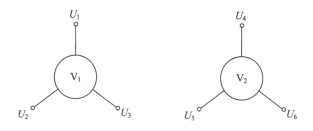

图　P4-13

解　(1) NPN 型晶体管，U_1 为发射极，U_2 为集电极，U_3 为基极；

(2) PNP 型晶体管，U_4 为基极，U_5 为发射极，U_6 为集电极。

4-14　实验测得图 P4-14 中两个放大状态下的晶体管的极电流分别为

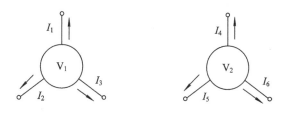

图　P4-14

(1) $I_1 = -5\ \text{mA}$，$I_2 = -0.04\ \text{mA}$，$I_3 = 5.04\ \text{mA}$；

(2) $I_4 = -1.93\ \text{mA}$，$I_5 = 1.9\ \text{mA}$，$I_6 = 0.03\ \text{mA}$。

判断每个晶体管的类型，标出其基极、发射极和集电极，并计算直流电流放大倍数 $\bar{\beta}$ 和 $\bar{\alpha}$。

解 （1）NPN 型晶体管，I_1 为集电极，I_2 为基极，I_3 为发射极，$\bar{\beta}=125$ ，$\bar{\alpha}=0.992$；

（2）PNP 型晶体管，I_4 为发射极，I_5 为集电极，I_6 为基极，$\bar{\beta}=63.3$，$\bar{\alpha}=0.984$。

4-15 图 P4-15(a)、(b)分别给出了两个场效应管的输出特性和转移特性。判断它们的类型，确定其 $U_{\text{GS(off)}}$ 或 $U_{\text{GS(th)}}$、I_{DSS} 或 I_{D0} 的取值。

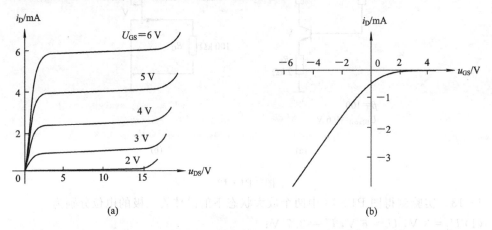

图　P4-15

解 图 P4-15(a)为 N 沟道增强型 MOSFET，$U_{\text{GS(th)}}=2\ \text{V}$。

图 P4-15(b)为 P 沟道耗尽型 MOSFET，$U_{\text{GS(off)}}=3\ \text{V}$，$I_{\text{D0}}=-0.5\ \text{mA}$。

4-16 场效应管恒流源电路和相关的场效应管输出特性曲线分别如图 P4-16(a)和(b)所示，电压源电压在使用中逐渐减小时，电路为发光二极管提供恒定电流。场效应管的夹断电压 $U_{\text{GS(off)}}=-2.5\ \text{V}$，饱和电流 $I_{\text{DSS}}=4\ \text{mA}$，发光二极管 VD 的导通电压 $U_{\text{D(on)}}=2.2\ \text{V}$，计算 VD 上的输出电流 I_{O}，并确定电路可以工作时电压源电压 U_{DD} 的最小值 U_{DDmin}。

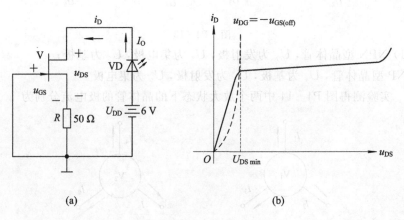

图　P4-16

解 场效应管的转移特性为

$$i_D = I_{DSS}\left(1 - \frac{u_{GS}}{U_{GS(off)}}\right)^2 = 4 \text{ mA} \times \left(1 - \frac{u_{GS}}{-2.5 \text{ V}}\right)^2$$

其中

$$u_{GS} = -i_D R = -i_D \times 50 \ \Omega$$

以上两式联立求解，计算出 $I_O = I_D = 3.46 \text{ mA}$。

工作点位于恒流区和可变电阻区的交界处时，u_{DS} 最小，有

$$U_{DG} = U_{DSmin} - U_{GS} = -U_{GS(off)}$$

则

$$U_{DSmin} = U_{GS} - U_{GS(off)} = -I_D R - U_{GS(off)}$$
$$= -3.46 \text{ mA} \times 50 \ \Omega - (-2.5 \text{ V}) = 2.33 \text{ V}$$
$$U_{DDmin} = U_{DSmin} + I_D R + U_{D(on)}$$
$$= 2.33 \text{ V} + 3.46 \text{ mA} \times 50 \ \Omega + 2.2 \text{ V} = 4.7 \text{ V}$$

第五章 双极型晶体三极管和场效应管放大器基础

5.1 基本要求及重点、难点

1. 基本要求

（1）理解基本放大器的组成原理、各元件的作用；掌握基本放大器直流、交流通路的确定方法；熟练掌握直流偏置电路（包括固定偏流、电流负反馈型偏置及分压偏置电路）的分析、计算，即静态工作点的计算；掌握工作状态（截止、放大和饱和）的判断方法。

（2）掌握放大器的直流、交流图解分析法，能绘制简单电路的直流负载线和交流负载线；掌握非线性失真的判断和动态范围的确定等。

（3）理解晶体管微变等效模型及其参数；掌握晶体管三种基本组态放大电路的组成、工作原理及主要指标；熟练应用微变等效电路法对三种基本放大器进行交流分析、计算；掌握三种放大器的性能特点及应用。

（4）理解场效应管放大器偏置电路分析、图解法和解析法；掌握场效应管的微变等效模型及其参数；掌握场效应管三种基本组态电路的分析、计算。

（5）理解多级放大器的级联原则、级间耦合方式及主要性能指标的计算；掌握多级放大器的特点及其分析和计算方法。

2. 重点、难点

重点：晶体管和场效应管三种基本组态放大器的组成、工作原理、特点及其分析与计算。

难点：图解法和多级放大器的分析和计算。

5.2 习题类型分析及例题精解

1. 晶体管电路能否正常放大信号的判别

判别的依据是放大器组成的三条规则：① 晶体管必须偏置在放大区；② 待放大的信号要加到发射结的输入回路；③ 输出端负载能有效获得放大后的信号。若违背其中任何一条，则电路都不能正常放大信号。

【例 5-1】 试判断图 5-1 所示各电路能否正常放大输入信号 u_i。若不能，应如何修改电路？

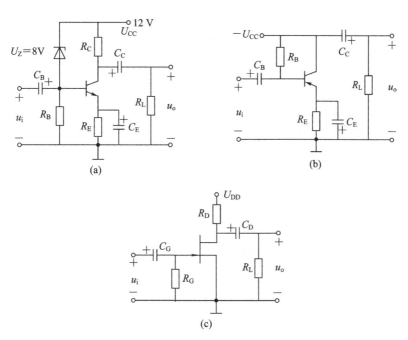

图 5-1 例 5-1 电路图

解 电路(a)不能正常放大。由于稳压二极管反向击穿后，其动态电阻极小，因而交流通路中输入信号对地近似短路。修改办法是选用一电阻代替稳压二极管。

电路(b)不能正常放大，因为交流通路中 $-U_{CC}$ 为 0，集电极短路到地，交流输出为 0。在集电极和 C_C 相接点与电源 $-U_{CC}$ 之间串接一电阻 R_C 即可正常放大。

电路(c)也不能正常放大。因为场效应管的栅源之间零偏，当输入信号大于零时，其 PN 结正偏，所以不能正常放大。修改办法是在源极与地之间接一自偏压电阻 R_S。

【例 5-2】 试判别图 5-2 中各电路是否具有正常放大作用? 若无放大作用则说明理由，并将错误处加以改正。

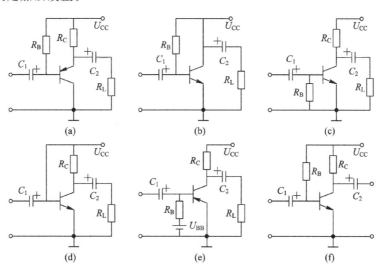

图 5-2 例 5-2 电路图

解 （1）图（a）中晶体管发射结零偏，管子截止，电路不能正常放大。应将 R_B 改接在基极与地之间，或在基极与地之间增加一个电阻 R_{B2}，即可正常放大。

（2）图（b）中因集电极交流接地，故电路不能正常放大。在集电极和 C_2 连接点到 U_{CC} 之间串接一电阻 R_C，即可正常放大。

（3）图（c）中发射结零偏，管子截止，电路不能正常放大。将 R_B 改接在基极与 U_{CC} 之间，或在基极与 U_{CC} 之间增加一个电阻 R_{B1}，即可正常放大。

（4）图（d）中 U_{CC} 直接加在发射结上，会使发射结烧坏且输入信号短路，因而电路不能正常放大。应在基极到 U_{CC} 之间接偏置电阻 R_B。

（5）图（e）所示电路因发射结反偏而不能正常放大。应将 U_{BB} 的极性反过来且 U_{CC} 改为负电源。此外，C_1、C_2 耦合电解电容的极性也应反接。

（6）图（f）所示电路可以正常放大。

2. 确定放大器的直流通路和交流通路

放大器的分析包括直流分析和交流分析，要遵循"先直流，后交流"的原则。为此首先要确定放大器的直流和交流通路，其规则是：

（1）对于直流通路，将原电路中的所有电容开路，电感短路，直流电源保留，即得直流通路。

（2）对于交流通路，将原电路中容抗极小的对输入信号的耦合电容、旁通电容短路，容抗极大的小电容开路，直流电压源短路，即得交流通路。

【例 5-3】 电路如图 5-3 所示。已知 $u_i = 5\sin 2\pi \times 10^3 t$ mV，试画出其直流通路和交流通路。

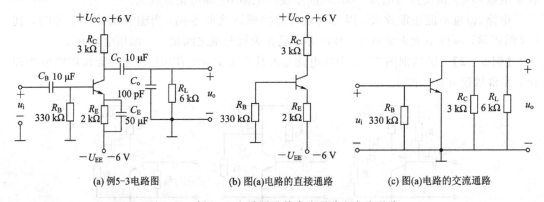

(a) 例5-3电路图　　　　　(b) 图(a)电路的直接通路　　　　　(c) 图(a)电路的交流通路

图 5-3　例 5-3 电路图及其直流通路和交流通路

解 将电路中的电容 C_B、C_E、C_C 和 C_o 开路，便得图 5-3(b)所示的直流通路。

在画交流通路时，应对不同数值电容的容抗大小有一数量的概念，如 1 μF 电容对频率为 1 kHz 的容抗约为

$$Z_C = \frac{1}{2\pi fC} = \frac{1}{2 \times 3.14 \times 10^3 \times 10^{-6}} \approx 160\ \Omega$$

本电路中输入信号频率为 1 kHz，数值为 10 μF（$Z_C = 16\ \Omega$）的耦合电容 C_B、C_C 和 50 μF（$Z_C = 3.2\ \Omega$）的旁通电容 C_E 均可视为短路。而数值为 100 pF 的 C_o 因其容抗达 1.6 MΩ，故应视为开路。再将正、负电源对地短路，即得图 5-3(c)所示的交流通路。

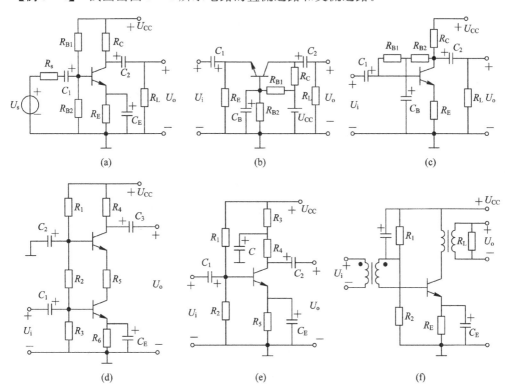

图 5 - 4　例 5 - 4 电路图

解　各电路对应的直流通路分别如图 5 - 4′所示。

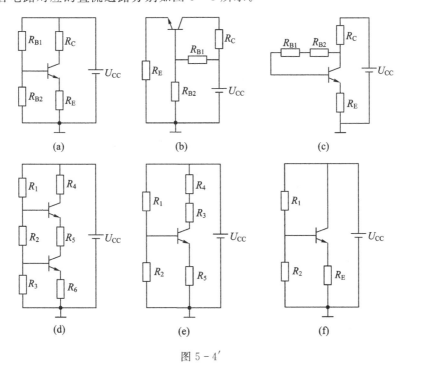

图 5 - 4′

各电路对应的交流通路分别如图 5-4″所示。

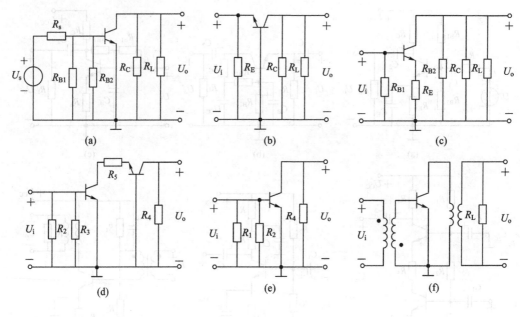

图 5-4″

3. 放大器直流(静态)工作点的计算

(1) 放大器的直流分析要在其直流通路中进行。

(2) 若晶体管偏置在放大状态下,即隐含有如下的已知近似条件

NPN 管 $U_{BEQ}=0.7$ V(硅管)　　$U_{BEQ}=0.3$ V(锗管)

PNP 管 $U_{BEQ}=-0.7$ V(硅管)　　$U_{BEQ}=-0.3$ V(锗管)

及

$$I_{CQ}=\beta I_{BQ}$$

(3) 为使计算简便,晶体管三个电极电流的参考方向最好设为实际方向,即 NPN 管的 I_C 和 I_B 流入管内,而 I_E 流出管外;PNP 管则正好相反。

【例 5-5】 电路如图 5-3(a)所示。已知晶体管的 $\beta=100$,试计算该管的静态工作点。

解 电路的直流通路如图 5-3(b)所示,设定各极电流的参考方向为实际方向。

由输入回路可得

$$0-(-U_{EE})=U_{EE}=I_{BQ}R_B+U_{BE(on)}+I_{EQ}R_E=I_{BQ}R_B+0.7+(1+\beta)I_{BQ}R_E$$

即

$$I_{BQ}=\frac{U_{EE}-0.7}{R_B+(1+\beta)R_E}=\frac{6-0.7}{330+101\times2}=0.01 \text{ mA}$$

$$I_{EQ}\approx I_{CQ}=\beta I_{BQ}=100\times0.01=1 \text{ mA}$$

$$U_{CEQ}\approx U_{CC}-(-U_{EE})-I_{CQ}(R_C+R_E)=6+6-1\times(3+2)=7 \text{ V}$$

【例 5-6】 在图 5-5 所示的放大电路中,三极管的 $\beta=50$, $R_B=500$ kΩ, $R_C=6.8$ kΩ, $R_L=6.8$ kΩ, $U_{CC}=12$ V, $U_{BEQ}=0.6$ V。

(1) 计算静态工作点;

(2) 若要求 $I_{CQ}=0.5$ mA, $U_{CEQ}=6$ V,求所需的 R_B 和 R_C 值。

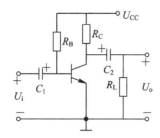

图 5-5 例 5-6 电路图

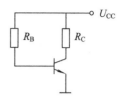

图 5-6 直流通路

解 （1）由图 5-6 所示电路的直流通路，可得

$$I_{BQ} = \frac{U_{CC} - U_{BEQ}}{R_B} = \frac{12 - 0.6}{500} = 22.8 \ \mu A$$

$$I_{EQ} \approx I_{CQ} = \beta I_{BQ} = 50 \times 0.0228 = 1.14 \ mA$$

$$U_{CEQ} = U_{CC} - I_{CQ}R_C = 12 - 1.14 \times 6.8 \approx 4.25 \ V$$

（2）

$$I_{BQ} = \frac{I_{CQ}}{\beta} = \frac{0.5}{50} = 0.01 \ mA$$

$$R_B = \frac{U_{CC} - U_{BEQ}}{I_{BQ}} = \frac{12 - 0.6}{0.01} = 1140 \ k\Omega$$

$$R_C = \frac{U_{CC} - U_{CEQ}}{I_{CQ}} = \frac{12 - 6}{0.5} = 12 \ k\Omega$$

【例 5-7】 电路如图 5-7(a)所示。已知晶体管的 $\beta = 80$，试计算该电路的静态工作点。

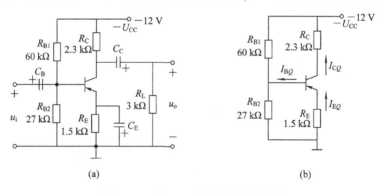

图 5-7 例 5-7 电路图及直流通路

解 电路的直流通路如图 5-7(b)所示，设定各极电流的参考方向为实际方向。由输入回路可得

$$U_{RB2} = \frac{R_{B2}}{R_{B1} + R_{B2}}[0 - (-U_{CC})] = \frac{27 \times 12}{60 + 27} \approx 3.7 \ V$$

$$I_{CQ} \approx I_{EQ} = \frac{U_{RB2} - U_{EB(on)}}{R_E} = \frac{3.7 - 0.7}{1.5} = 2 \ mA$$

$$U_{CEQ} = -U_{ECQ} = -[U_{CC} - (R_C + R_E)I_{CQ}] = -[12 - (1.5 + 2.3) \times 2] = -4.4 \ V$$

【例 5-8】 晶体管电路如图 5-8 所示，已知 $\beta = 100$，$U_{BE} = -0.3 \ V$。

（1）估算直流工作点 I_{CQ}、U_{CEQ}；

（2）若偏置电阻 R_{B1}、R_{B2} 分别开路，试分别估算集电极电位 U_C 值，并说明各自的工作状态；

(3) 若 R_{B2} 开路时要求 $I_{CQ}=2$ mA，试确定 R_{B1} 应取多大值。

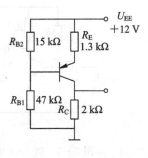

图 5-8　例 5-8 电路图

解　(1)
$$U_{RB2}=\frac{R_{B2}}{R_{B1}+R_{B2}}U_{EE}=\frac{15}{47+15}\times 12=2.9 \text{ V}$$

$$I_{CQ}\approx I_{EQ}=\frac{U_{RB2}-U_{EB}}{R_E}=\frac{2.9-0.3}{1.3}=2 \text{ mA}$$

$$U_{CEQ}=-U_{ECQ}=-[U_{EE}-I_{CQ}(R_E+R_C)]$$
$$=-[12-2\times(1.3+2)]=-5.4 \text{ V}$$

(2) 当 R_{B1} 开路时，管子截止，$I_{BQ}=I_{CQ}=0$，$U_{CQ}=0$。

当 R_{B2} 开路时，则有

$$I_{BQ}=\frac{U_{EE}-U_{EB}}{R_{B1}+(1+\beta)R_E}=\frac{12-0.3}{47+101\times 1.3}=66\ \mu\text{A}$$

$$I_{CQ}=\frac{U_{CC}-U_{EC(sat)}}{R_C+R_E}=\frac{12-0.3}{2+1.3}\approx 3.55 \text{ mA}$$

$$I_{B(sat)}=\frac{U_{CC}-U_{EC(sat)}}{(R_E+R_C)\beta}=\frac{12-0.3}{(1.3+2)\times 100}=35\ \mu\text{A}<I_{BQ}$$

所以晶体管饱和，此时 $U_{CEQ}=-U_{ECQ}=U_{CE(sat)}=U_{BE}=-0.3$ V。
$$U_C\approx I_{CQ}R_C=3.55\times 2=7.1 \text{ V}$$

(3) 当 R_{B2} 开路时，由于

$$I_{CQ}=\beta\frac{U_{CC}+U_{EB(on)}}{R_{B1}+(1+\beta)R_E}=100\times\frac{12-0.3}{R_{B1}+101\times 1.3}=2 \text{ mA}$$

由此解得 $R_{B1}=454$ kΩ。

4. 放大器的图解法分析

图解法的要点是在晶体管的输出特性上分别作直流负载线和交流负载线。按"先直流，后交流"的分析原则，直流负载线是截距为集电极电源电压，而斜率为集电极回路直流总电阻的负倒数的一条直线。直流负载线与由基极回路确定的 I_{BQ} 的交点即为直流工作点 Q。交流负载线是过 Q 点的一条直线，其斜率为集电极回路交流总电阻的负倒数。

可见，交、直流负载线与电路元件参数有一一对应关系，即已知放大电路参数可进行图解，确定 Q 点、输出动态范围等。反之，已知图解的负载线和 Q 点也可确定放大电路参数。这是图解法分析的另一类问题。

由于放大状态下 $i_E\approx i_C$，所以共集电极放大器也可在晶体管共射输出特性上进行图解。

【例 5-9】　共集电极放大电路及其图解分别如图 5-9(a)、(b)所示。

(1) 试用图解法确定电路参数 U_{CC}、R_E 和 R_L 的数值，并确定其输出动态范围；

(2) 设管子的临界饱和压降 $U_{CES}=1$ V，为使放大器输出跟随范围最大，应如何改变 R_B 并确定此时的 Q 点。

解　(1) 因为在电阻负载下，直流负载线的斜率绝对值总是小于或等于交流负载线的斜率，所以图(b)中截距为 12 V、斜率值为 1/3 的直线为直流负载线，而斜率值为 1/2 的直线为交流负载线。由图(a)知，输出回路的直流总电阻为 R_E，交流总电阻为 $R_E /\!/ R_L$，故 $U_{CC}=12$ V，$R_E=3$ kΩ，$R_E /\!/ R_L=2$ kΩ，即 $R_L=6$ kΩ。输出动态范围 $U_{opp}=2\times(10-6)=$

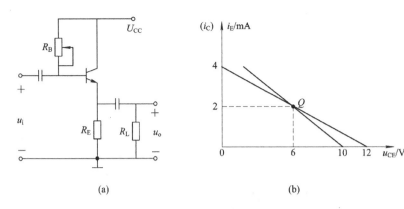

(a)　　　　　　　　　　　　　(b)

图 5 - 9　例 5 - 9 电路图及其图解

8 V。

（2）由于 Q 点偏向截止区，为增大输出跟随范围，应将 Q 点上移，所以要减小 R_B，以增大 I_{CQ}。要使跟随范围最大应满足

$$U_{CEQ} - U_{CES} = I_{CQ}(R_E /\!/ R_L)$$

而 $U_{CEQ} = U_{CC} - I_{CQ}R_E$，联立上式可解得此时的 I_{CQ} 为

$$I_{CQ} = \frac{U_{CC} - U_{CES}}{R_E + (R_E /\!/ R_L)} = \frac{12 - 1}{3 + (3 /\!/ 6)} = 2.2 \text{ mA}$$

$$U_{CEQ} = U_{CC} - I_{CQ}R_E = 12 - 2.2 \times 3 = 5.4 \text{ V}$$

其最大输出动态范围

$$U_{opp} = 2I_{CQ}(R_E /\!/ R_L) = 2 \times 2.2(3 /\!/ 6) = 2(U_{CEQ} - U_{CES}) = 2 \times (5.4 - 1) = 8.8 \text{ V}$$

【例 5 - 10】　单级放大电路与晶体管输出特性如图 5 - 10 所示。

（1）作直流负载线，确定静态工作点 Q_1；

（2）当 R_C 由 4 kΩ 增大到 6 kΩ 时，工作点 Q_2 将移到何处？

（3）当 R_B 由 200 kΩ 变为 100 kΩ 时，工作点 Q_3 将移到何处？

（4）当 U_{CC} 由 12 V 变为 6 V 时，工作点 Q_4 将移到何处？

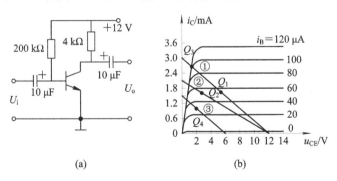

(a)　　　　　　　　　　　　　(b)

图 5 - 10　例 5 - 10 电路及其图解

解　（1）　　　　$I_{BQ} = \frac{U_{CC} - U_{BE}}{R_B} = \frac{12 - 0.7}{200} = 57 \ \mu\text{A}$

作直流负载线①：$I_C = 0$ 时，$U_{CE} = U_{CC} = 12$ V；$U_{CE} = 0$ 时，$I_C = \dfrac{U_{CC}}{R_C} = \dfrac{12}{4} = 3$ mA。与 $I_{BQ} = 57 \ \mu\text{A}$ 交于 Q_1 点，如图 5 - 10(b)所示。

(2) $I_{BQ}=57\ \mu A$，作直流负载线②，与 $I_{BQ}=57\ \mu A$ 交于 Q_2 点。

(3) $R_B=100\ k\Omega$ 时，$I_{BQ}=\dfrac{12-0.7}{100}=113\ \mu A$，与直流负载线①交于 Q_3 点（即进入饱和区）。

(4) 当 $U_{CC}=6\ V$ 时，$I_{BQ}=\dfrac{6-0.7}{200}=27\ \mu A$。此时直流负载线③过点（6 V，0）和 $\left(0,\dfrac{6}{4}\ mA\right)$，与 $I_{BQ}=27\ \mu A$ 相交于 Q_4 点，如图 5-10(b)所示（直流负载线①、③平行）。

5. 单管放大器基本组态的判别及其主要性能指标（A_u、R_i 和 R_o）的计算

晶体管放大器有三种基本组态，即共发射极、共集电极和共基极放大器。对应场效应管有共源极、共漏极和共栅极放大器。其判别方法是：直流偏置下的晶体管，哪个电极直接接地（电源）或通过旁通电容接地（电源）或者作输入和输出的公共支路，即为共该极的放大器。反之，按指标要求也可接成相应组态的放大器。

利用等效电路法我们推导出了三种基本放大器主要性能指标 A_u、R_i 和 R_o 的关系式，这是分析计算多级复杂放大器的基础。以后解题时，在已确认基本组态的前提下可直接应用对应公式计算。

【例 5-11】 晶体管放大电路如图 5-11 所示。已知晶体管的 $\beta=100$，$r_{be}=2\ k\Omega$，所有电容对交流信号呈短路。为了分别满足以下要求，电路应接成什么组态？三个端点①、②、③分别该如何连接？并加以验证。

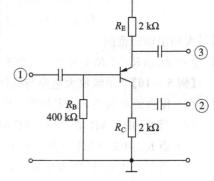

图 5-11 例 5-11 电路图

(1) 要求 $A_u=\dfrac{U_o}{U_i}\approx-100$；

(2) 要求 $A_u=\dfrac{U_o}{U_i}\approx1$；

(3) 要求 $A_u=\dfrac{U_o}{U_i}\approx-1$；

(4) 要求输入电阻 R_i 最小，此时 $R_i=?$

(5) 要求输出电阻 R_o 最小，此时 $R_o=?$

解 （1）要求电压放大倍数为负且数值较大，因此必须接成射极交流接地的共射组态，即③端接地或接电源，①端接输入电压，②端接输出。此时

$$A_u=\dfrac{U_o}{U_i}=-\dfrac{\beta R_C}{r_{be}}=-\dfrac{100\times2}{2}=-100$$

（2）要求电压放大倍数近似为 1，只能接成共集组态，即②端接地或开路，①端接输入电压，③端接输出。此时

$$A_u=\dfrac{U_o}{U_i}=\dfrac{(1+\beta)R_E}{r_{be}+(1+\beta)R_E}=\dfrac{101\times2}{2+101\times2}\approx1$$

（3）要求电压放大倍数为负且数值仅为 1，应接成射极接电阻的共射组态，即③端开路，①端接输入电压，②端接输出。此时

$$A_u = \frac{U_o}{U_i} = -\frac{\beta R_C}{r_{be} + (1+\beta)R_E} = -\frac{100 \times 2}{2 + 101 \times 2} \approx -1$$

（4）因为共基放大器的输入电阻最小，所以电路必须接成共基组态，即①端接地，③端接输入电压，②端接输出。此时

$$R_i = R_E \mathbin{/\!/} \frac{r_{be}}{1+\beta} = 2 \mathbin{/\!/} \frac{2}{101} \approx 0.02 \text{ k}\Omega$$

（5）由于共集放大器的输出电阻最小，因此只能接成共集组态，即②端接地或开路，①端接输入电压，③端接输出。此时

$$R_o = R_E \mathbin{/\!/} \frac{r_{be}}{1+\beta} = 2 \mathbin{/\!/} \frac{2}{101} \approx 0.02 \text{ k}\Omega$$

【例 5 - 12】 在图 5 - 12 所示的电路中，三极管的 $\beta = 80$，$r_{be} = 2.2 \text{ k}\Omega$。

（1）求放大器的输入电阻；

（2）分别求从射极输出时的 A_{u2} 和 R_{o2} 及从集电极输出时的 A_{u1} 和 R_{o1}。

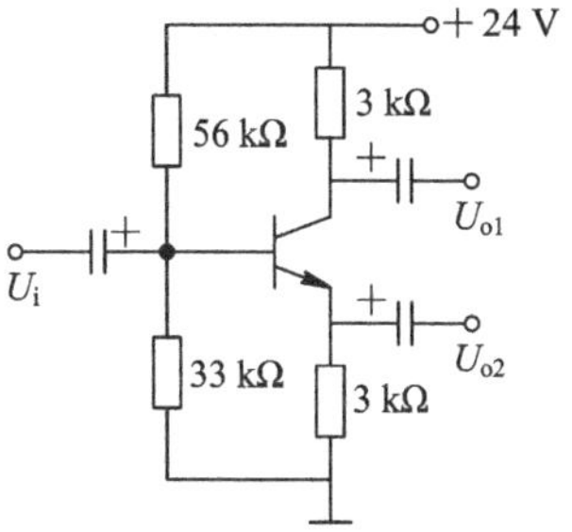

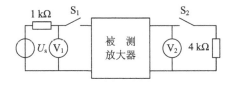

图 5 - 12　例 5 - 12 电路图

解 （1）　　$R_i = 56 \mathbin{/\!/} 33 \mathbin{/\!/} [2.2 + 81 \times 3] \approx 19 \text{ k}\Omega$

（2）　$A_{u2} = \frac{U_{o2}}{U_i} = \frac{(1+\beta)R_E}{r_{be} + (1+\beta)R_E} = \frac{81 \times 3}{2.2 + 81 \times 3} = 0.99$

$$R_{o2} = R_E \mathbin{/\!/} \frac{r_{be}}{1+\beta} = 3 \mathbin{/\!/} \frac{2.2}{81} = 0.027 \text{ k}\Omega = 27\ \Omega$$

$$A_{u1} = \frac{U_{o1}}{U_i} = -\frac{\beta R_C}{r_{re} + (1+\beta)R_E} = \frac{-81 \times 3}{2.2 + 81 \times 3} = -0.99$$

$$R_{o1} \approx R_C = 3 \text{ k}\Omega$$

放大器的输入、输出电阻是很重要的交流参数，可根据电路进行计算，也可实际测量。

【例 5 - 13】 图 5 - 13 所示电路可用来测量放大器的输入、输出电阻。当开关 S_1 闭合时，若电压表 V_1 的读数为 50 mV，而 S_1 打开时，V_1 的读数为 100 mV，试求输入电阻 R_i。

图 5 - 13　例 5 - 13 电路图

当开关 S_2 闭合时，电压表 V_2 的读数为 1 V，而 S_2 打开时，V_2 的读数为 2 V，试求输出电阻 R_o。

解 由 S_1 闭合及打开时电压表的读数得

$$50 = \frac{R_i}{R_i + 1} \times 100$$

即　　　　　　　　　　　　　　$R_i = 1 \text{ k}\Omega$

同理有　　　　　　　　　　　$2 \times \frac{4}{R_o + 4} = 1$

解之得　　　　　　　　　　　$R_o = 4 \text{ k}\Omega$

6. 场效应管放大器性能分析要点

(1) 直流工作点计算：由于场效应管为压控平方率器件，因此只有在已知转移特性曲线或方程的前提下，通过图解法或计算法(需解一元二次方程)确定 I_{DQ}。

(2) 交流性能分析：分析方法与晶体管放大器相同，即在确定基本组态后，应用微变等效电路法进行计算。

【例 5-14】 已知图 5-14 所示共源放大电路的元器件参数如下：在工作点上的管子跨导为 $g_m = 1$ mS，$r_{ds} = 200$ kΩ，$R_1 = 300$ kΩ，$R_2 = 100$ kΩ，$R_3 = 1$ MΩ，$R_4 = 10$ kΩ，$R_5 = 2$ kΩ，$R_6 = 2$ kΩ，试估算放大器的电压增益、输入电阻和输出电阻。

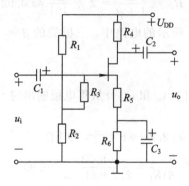

图 5-14 例 5-14 电路图

解
$$A_u = \frac{-g_m R_L'}{1 + g_m R_5} = \frac{-1 \times 10}{1 + 1 \times 2} = -3.33$$

$$R_i = R_3 + R_1 /\!/ R_2 = 1000 + 100 /\!/ 300 = 1.075 \text{ MΩ}$$

$$R_o \approx R_4 = 10 \text{ kΩ}$$

【例 5-15】 场效应管放大电路如图 5-15 所示，已知 $g_m = 10$ mS，试求电压增益、输入电阻和输出电阻。

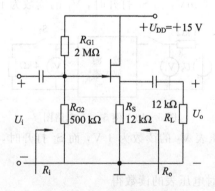

图 5-15 例 5-15 电路图

解 该电路中输入电压接栅极，输出电压取自源极，为共漏极放大器。

$$A_u = \frac{g_m(R_S /\!/ R_L)}{1 + g_m(R_S /\!/ R_L)} = \frac{10(12 /\!/ 12)}{1 + 10(12 /\!/ 12)} = 0.98$$

$$R_i = R_{G1} /\!/ R_{G2} = 2000 /\!/ 500 = 400 \text{ kΩ}$$

$$R_{\mathrm{o}} = R_{\mathrm{S}} \mathbin{/\!/} \frac{1}{g_{\mathrm{m}}} = 12 \mathbin{/\!/} \frac{1}{10} = 0.1 \ \mathrm{k\Omega}$$

7. 多级放大器的性能指标计算及组合放大器选择与判别

指标计算原则：通过对每一单级指标的计算来计算多级的指标。

指标计算要点：首先确定每一级为何种组态的放大器，然后利用对应公式计算每级的电压放大倍数，计算时要把后级的输入电阻作为其负载。多级放大器的电压增益为每一单级的乘积；输入电阻为带有后级负载的第一级的输入电阻；输出电阻为有前级源内阻的末级的输出电阻。

多级放大器的级数和各级组态的选用原则：

(1) 在满足增益要求的前提下，级数越少越好，一般不要超过三级；

(2) 多级放大器的主增益级应选用共射组态放大器；

(3) 要求输入电阻大时，第一级应选用共集、共源或共漏组态放大器；

(4) 要求输入电阻小时，第一级应选用共基或共栅组态放大器；

(5) 要求输出电阻小时，末级应选用共集或共漏组态放大器；

(6) 要求电流输出时，末级应选用共基或共射组态的互导放大器。

【例 5 - 16】 按照以下的不同应用场合，试分别选择合适的组合放大器：

(1) 电压测量放大器的输入级电路；

(2) 受负载变化影响小的放大电路；

(3) 负载为 0.2 kΩ，要求电压增益大于 60 dB 的电压放大电路；

(4) 需放大的信号频率较高。

解 (1) 要求 R_{i} 高，可采用共集-共射组合放大器；

(2) 要求 R_{o} 小，可采用共射-共集组合电路；

(3) 要求电压增益高、R_{i} 大及 R_{o} 小，可采用共集-共射-共射-共集组合电路；

(4) 要求放大器频率特性好，可采用共射-共基或共射-共集组合电路。

【例 5 - 17】 电路如图 5 - 16 所示，已知 $U_{\mathrm{BE}} = 0.7 \ \mathrm{V}$，$\beta = 100$，$r_{\mathrm{bb'}} = 100 \ \Omega$。

(1) 若要求输出直流电平 $U_{\mathrm{oQ}} = 0 \ \mathrm{V}$，估算偏置电阻 R_2 的数值；

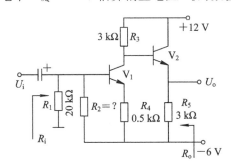

图 5 - 16 例 5 - 17 电路图

(2) 若 $u_{\mathrm{i}} = 100 \ \sin\omega t \ (\mathrm{mV})$，试求 U_{o}；

(3) 求输入电阻 R_{i} 和输出电阻 R_{o}。

解 (1) 由 $U_{\mathrm{oQ}} = 0$ 得

$$I_{CQ2} \approx I_{EQ2} = \frac{0 - (-U_{EE})}{R_5} = \frac{6}{3} = 2 \text{ mA}$$

$$I_{CQ1} = \frac{U_{CC} - U_{BE(on)}}{R_3} = \frac{12 - 0.7}{3} \approx 3.8 \text{ mA}$$

$$U_{BQ1} = U_{BE} + I_{CQ1}R_4 - U_{EE} \approx 0.7 + 3.8 \times 0.5 - 6 = -3.4 \text{ V}$$

而

$$U_{BQ1} = \frac{-U_{EE}}{R_1 + R_2}R_1 = \frac{-6}{20 + R_2} \times 20 = -3.4 \text{ V}$$

解得

$$R_2 \approx 15.3 \text{ k}\Omega$$

(2)

$$r_{be1} = r_{bb'} + r_{b'e} = r_{bb'} + \beta\frac{26}{I_{CQ1}} = 100 + 100 \times \frac{26}{3.8} = 784 \ \Omega$$

$$r_{be2} = 100 + 100 \times \frac{26}{2} = 1400 \ \Omega$$

$$R_{i2} = r_{be2} + (1+\beta)R_5 = 1.4 + 101 \times 3 = 304.4 \text{ k}\Omega$$

$$A_u = \frac{U_o}{U_i} = A_{u1} \cdot A_{u2} = -\frac{\beta(R_3 /\!/ R_{i2})}{r_{be1} + (1+\beta)R_4} \cdot \frac{(1+\beta)R_5}{r_{be2} + (1+\beta)R_5}$$

$$= \frac{-100(3 /\!/ 301.4)}{0.784 + 101 \times 0.5} \times \frac{101 \times 3}{1.4 + 101 \times 3} \approx -5.8 \times 1 = -5.8$$

$$U_o = A_u \cdot u_i = -580 \sin\omega t \ (\text{mV})$$

(3) $R_i = R_1 /\!/ R_2 /\!/ [r_{be1} + (1+\beta)R_4] = 20 /\!/ 16.4 /\!/ [0.784 + 101 \times 0.5] \approx 7.6 \text{ k}\Omega$

$$R_o = R_5 /\!/ \frac{r_{be2} + R_3}{1+\beta} = 3 /\!/ \frac{1.4 + 3}{101} \approx 0.043 \text{ k}\Omega = 43 \ \Omega$$

5.3 练习题及解答

5-1 电压负反馈型偏置电路如图 P5-1 所示。若晶体管的 β、U_{BE} 已知，

(1) 试导出计算工作点的表达式；

(2) 简述稳定工作点的原理。

解 (1)
$$U_{CC} = (1+\beta)I_{BQ}R_C + I_{BQ}R_B + U_{BE(on)}$$

$$I_{BQ} = \frac{U_{CC} - U_{BE(on)}}{R_B + (1+\beta)R_C}$$

$$I_{CQ} = \beta I_{BQ}$$

$$U_{CEQ} = U_{CC} - (1+\beta)I_{BQ}R_C$$

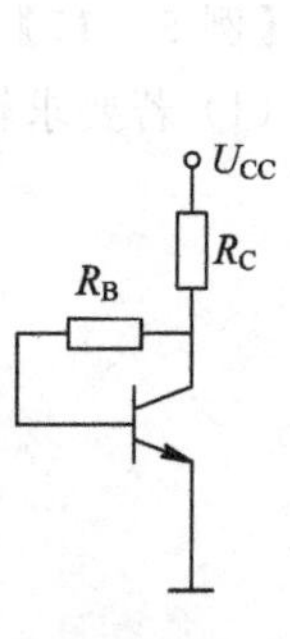

(2) 无论何种原因使 I_{CQ} 增大，则有如下的调节过程：

$$I_{CQ} \uparrow \rightarrow U_{RC} \uparrow \rightarrow U_C \downarrow \rightarrow I_B \downarrow \rightarrow I_{CQ} \downarrow$$

反之，若 I_{CQ} 减小，亦有类似的调节过程，使 I_{CQ} 的减小受到抑制。

图 P5-1

5-2 测得放大电路中某晶体管三个电极上的电流分别为 2 mA、2.02 mA、0.02 mA。已知该管的厄尔利电压 $U_A = 120$ V，$r_{bb'} = 200 \ \Omega$。

试画出该晶体管的交流等效电路，确定等效电路中各参数值。

解
$$\beta = \frac{I_C}{I_B} = \frac{2}{0.02} = 100$$

$$r_{be} = r_{bb'} + r_{b'e} = r_{bb'} + (1+\beta)\frac{U_T}{I_{EQ}} = 200 + 101 \times \frac{26}{2.02} = 1.5 \text{ k}\Omega$$

$$r_{ce} = \frac{U_A}{I_{CQ}} = \frac{120}{2} = 60 \text{ k}\Omega$$

等效电路如图 P5-2 所示。

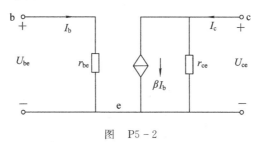

图　P5-2

5-3　在图 P5-3 所示电路中，设 $\beta = 50$，$U_{BE} = 0.7$ V。

(1) 估算直流工作点；

(2) 求电压放大倍数 A_u、输入电阻 R_i 和输出电阻 R_o；

(3) 若射极旁通电容 C_E 开路，试画出交流等效电路并重新计算 A_u、R_i 和 R_o。

解　(1) $I_{BQ} = \dfrac{12 - 0.7}{470 + 51 \times 2} = 0.02$ mA

$$I_{CQ} = \beta I_{BQ} = 50 \times 0.02 = 1 \text{ mA}$$

$$U_{CEQ} = 12 - 1 \times (3.9 + 2) = 6.1 \text{ V}$$

(2)　$r_{be} = r_{bb'} + \beta \dfrac{26}{I_{CQ}} = 200 + 50 \times \dfrac{26}{1} = 1.5$ kΩ

$$A_u = \frac{U_o}{U_i} = -\frac{\beta R_L'}{r_{be}} = -\frac{50 \times (3.9 /\!/ 3.9)}{1.5}$$

$$= -65$$

$$R_i = 470 /\!/ r_{be} = 470 /\!/ 1.5 \approx 1.5 \text{ k}\Omega$$

$$R_o \approx R_C = 3.9 \text{ k}\Omega$$

(3) C_E 开路时的交流等效电路如图 P5-3$'$ 所示。

$$A_u = \frac{U_o}{U_i} = -\frac{\beta R_L'}{r_{be} + (1+\beta)R_E} = -\frac{50 \times (3.9 /\!/ 3.9)}{1.5 + 51 \times 2} = -0.94$$

$$R_i = R_B /\!/ [r_{be} + (1+\beta)R_E] = 470 /\!/ [1.5 + 51 \times 2] \approx 85 \text{ k}\Omega$$

$$R_o \approx R_C = 3.9 \text{ k}\Omega$$

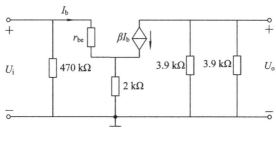

图　P5-3$'$

5-4 在图 P5-4 所示电路中，设晶体管的 $\beta = 50$，$U_{BE} = -0.2$ V，$r_{bb'} = 300$ Ω。

(1) 求静态工作点；

(2) 画出小信号交流等效电路；

(3) 求源电压放大倍数 $A_{us} = U_o / U_s$。

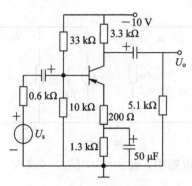

图 P5-4

解 (1)
$$U_B = \frac{10}{10+33} \times (-10) = -2.3 \text{ V}$$

$$I_{CQ} \approx I_{EQ} = \frac{0 - U_{BQ} - U_{EB}}{1.3 + 0.2} = \frac{2.3 - 0.2}{1.5} = 1.4 \text{ mA}$$

$$U_{CEQ} = -10 + 1.4 \times (3.3 + 1.5) = -3.3 \text{ V}$$

(2) 小信号交流等效电路如图 P5-4' 所示。

(3)
$$r_{be} = r_{bb'} + \beta \frac{26}{I_{CQ}} = 300 + 51 \times \frac{26}{1.4} = 1.25 \text{ k}\Omega$$

$$R_i' = r_{be} + (1+\beta)R_E = 1.25 + 51 \times 0.2 = 11.45 \text{ k}\Omega$$

$$R_i = R_{B1} /\!/ R_{B2} /\!/ R_i' = 33 /\!/ 10 /\!/ 11.45 = 4.6 \text{ k}\Omega$$

$$A_{us} = \frac{U_o}{U_s} = \frac{R_i}{R_i + R_s} \left(\frac{-\beta R_L'}{R_i'} \right)$$

$$= \frac{4.6}{4.6 + 0.6} \times \frac{-50 \times (3.3 /\!/ 5.1)}{11.45} = -7.7$$

图 P5-4'

5-5 射极输出器电路如图 P5-5 所示。已知 $U_{CC} = 12$ V，$R_E = 4$ kΩ，$R_L = 2$ kΩ，$R_B = 200$ kΩ，$R_C = 50$ Ω，晶体管采用 3DG6，$\beta = 50$。

(1) 计算电路的静态工作点；

(2) 求电压放大倍数和输入、输出电阻。

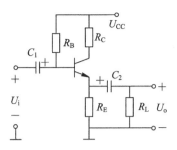

图 P5-5

解 (1)
$$I_{BQ} = \frac{U_{CC} - U_{BE}}{R_B + (1+\beta)R_E} = \frac{12-0.7}{200+51\times 4} = 0.028 \text{ mA}$$

$$I_{CQ} = \beta I_{BQ} = 50 \times 0.028 = 1.4 \text{ mA}$$

$$U_{CEQ} = U_{CC} - I_{CQ}(R_C + R_E) = 12 - 1.4(0.05 + 4) = 6.3 \text{ V}$$

(2)
$$r_{be} = r_{bb'} + \beta\frac{26}{I_{CQ}} = 200 + 50 \times \frac{26}{1.4} = 1.13 \text{ k}\Omega$$

$$A_u = \frac{U_o}{U_i} = \frac{(1+\beta)(R_E /\!/ R_L)}{r_{be} + (1+\beta)(R_E /\!/ R_L)} = \frac{51\times(2/\!/4)}{1.13 + 51\times(2/\!/4)} = 0.98$$

$$R_i = R_B /\!/ [r_{be} + (1+\beta)(R_E /\!/ R_L)]$$

$$= 220 /\!/ [1.13 + 51\times(2/\!/4)] \approx 52.6 \text{ k}\Omega$$

$$R_o = R_E /\!/ \frac{r_{be}}{1+\beta} = 2 /\!/ \frac{1.13}{51}$$

$$\approx 0.022 \text{ k}\Omega = 22 \ \Omega$$

5-6 采取自举措施的射极输出器如图 P5-6 所示，已知晶体管的 $U_{BE}=0.7$ V，$\beta=50$，$r_{bb'}=100$ Ω。

(1) 求静态工作点；

(2) 求电压放大倍数 A_u 和输出电阻 R_o；

(3) 说明自举电容 C 对输入电阻的影响。

解 (1) 由晶体管基极看出去的开路电压 U_{CC}' 和内阻 R_B 分别为

$$U_{CC}' = \frac{100}{100+43}\times 12 = 8.4 \text{ V}$$

$$R_B = 30 + 43 /\!/ 100 = 60 \text{ k}\Omega$$

则
$$U_{CC}' = I_{BQ}R_B + U_{BE} + (1+\beta)I_{BQ}R_E$$
解得

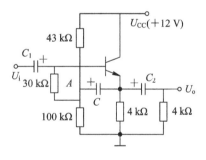

图 P5-6

$$I_{BQ} = \frac{U_{CC}' - U_{BE}}{R_B + (1+\beta)R_E} = \frac{8.4-0.7}{60+51\times 4} = 0.029 \text{ mA}$$

$$I_{CQ} = \beta I_{BQ} = 50 \times 0.029 = 1.46 \text{ mA}$$

$$U_{CEQ} = 12 - 1.46 \times 4 = 6.2 \text{ V}$$

(2)
$$r_{be} = r_{bb'} + \beta\frac{26}{I_{CQ}} = 100 + 50 \times \frac{26}{1.46} = 990 \ \Omega$$

$$A_u = \frac{U_o}{U_i} = \frac{(1+\beta)R_L'}{r_{be} + (1+\beta)R_L'} = \frac{51 \times (4 /\!/ 4)}{0.99 + 51 \times (4 /\!/ 4)} = 0.99$$

$$R_o = R_E /\!/ \frac{r_{be}}{1+\beta} = 4 /\!/ \frac{0.99}{51} = 0.019 \text{ k}\Omega = 19 \text{ }\Omega$$

（3）当射极动态电阻较大时，增大射极输出器的输入电阻主要受到偏置电阻的限制。加了自举电容 C 后，由于射极几乎跟随输入 U_i 变化，因而 U_A 也跟随 U_i 变化，即 U_i 增大，U_A 也增大；U_i 减小，U_A 亦减小。这样大大减小了流过 R_B 的信号电流，从而大大提高了偏置电路的等效输入电阻。定量分析如下：

$$I_{Ro} = \frac{U_{RB}}{R_B} = \frac{U_i - U_o}{R_B} = \frac{U_i - A_u U_i}{R_B} = \frac{U_i}{\dfrac{R_B}{1-A_u}}$$

即
$$R_i' = \frac{U_i}{I_{RB}} = \frac{R_B}{1-A_u}$$

式中 A_u 为射随器电压增益，由于 A_u 十分接近 1，$1-A_u$ 很小，因而 R_i' 将非常大。这样射随器的输入电阻为

$$R_i = [r_{be} + (1+\beta)R_L'] /\!/ R_i'$$

本题中

$$R_i \approx [0.9 + 51 \times (4 /\!/ 4)] /\!/ \frac{30}{1-0.99} \approx 100 \text{ k}\Omega$$

5-7 在图 P5-7 所示的共基放大电路中，晶体管的 $\beta = 50$，$r_{bb'} = 50 \text{ }\Omega$，$R_{B1} = 30 \text{ k}\Omega$，$R_{B2} = 15 \text{ k}\Omega$，$R_E = 2 \text{ k}\Omega$，$R_C = R_L = 3 \text{ k}\Omega$，$U_{CC} = 12 \text{ V}$。

（1）计算放大器的直流工作点；

（2）求放大器的 A_u、R_i 和 R_o。

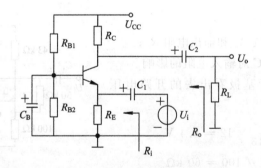

图 P5-7

解 （1） $U_{BQ} = \frac{R_{B2}}{R_{B1} + R_{B2}} U_{CC} = \frac{15 \times 12}{30 + 15} = 4 \text{ V}$

$$I_{CQ} \approx I_{EQ} = \frac{U_{BQ} - U_{BE(on)}}{R_E} = \frac{4 - 0.7}{2} = 1.65 \text{ mA}$$

$$U_{CEQ} = U_{CC} - I_{CQ}(R_C + R_E) = 12 - 1.65 \times (2+3) = 3.75 \text{ V}$$

（2） $r_{be} = r_{bb'} + \beta \frac{26}{I_{CQ}} = 50 + 50 \times \frac{26}{1.65} = 838 \text{ }\Omega$

$$A_u = \frac{U_o}{U_i} = \frac{\beta R'}{r_{be}} = \frac{50 \times (3 /\!/ 3)}{0.838} \approx 89.5$$

$$R_i = R_E /\!/ \frac{r_{be}}{1+\beta} = 2 /\!/ \frac{0.838}{51} \approx 16 \ \Omega$$

$$R_o \approx R_C = 3 \ \text{k}\Omega$$

5 - 8　电路如图 P5 - 8 所示，这是一个共基相加电路。试证明：

$$u_o \approx \frac{R_L'}{R_{E1}} u_{i1} + \frac{R_L'}{R_{E2}} u_{i2} + \frac{R_L'}{R_{E3}} u_{i3}$$

式中：$R_L' = R_C /\!/ R_L$。

证明　由于 $r_e = \dfrac{r_{be}}{1+\beta}$，通常满足

$$r_e \ll R_{E1}, \ r_e \ll R_{E2}, \ r_e \ll R_{E3}$$

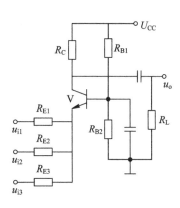

图　P5 - 8

根据叠加定理，只加 u_{i1} 时流入射极的电流 i_{e1} 为

$$i_{e1} = \frac{u_{i1}}{R_{E1} + (R_{E2} /\!/ R_{E3} /\!/ r_e)} \cdot \frac{R_{E2} /\!/ R_{E3}}{(R_{E2} /\!/ R_{E3}) + r_e} \approx \frac{u_{i1}}{R_{E1}}$$

同理，加 u_{i2}、u_{i3} 时 i_{e2}、i_{e3} 分别为

$$i_{e2} \approx \frac{u_{i2}}{R_{E2}}, \ i_{e3} \approx \frac{u_{i3}}{R_{E3}}$$

则流入射极的总电流 i_e 为

$$i_e = i_{e1} + i_{e2} + i_{e3} \approx \frac{u_{i1}}{R_{E1}} + \frac{u_{i2}}{R_{E2}} + \frac{u_{i3}}{R_{E3}}$$

而

$$u_o = i_C R_L' = \alpha i_e R_L' \approx i_e R_L'$$

故

$$u_o \approx \frac{R_L'}{R_{E1}} u_{i1} + \frac{R_L'}{R_{E2}} u_{i2} + \frac{R_L'}{R_{E3}} u_{i3}$$

5 - 9　放大电路如图 P5 - 9 所示。

(1) 画出交流通路，说明是何种组合放大器；

(2) 求电压放大倍数 $A_u = U_o/U_i$、输入电阻 R_i 和输出电阻 R_o 的表达式。

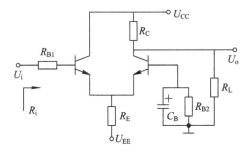

图　P5 - 9

解　(1) 交流通路如图 P5 - 9' 所示。该电路为共集-共基组合放大器。

(2) 因为通常满足 $R_E \gg r_{e2} = \dfrac{r_{be2}}{1+\beta_2}$，故有

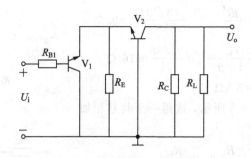

图 P5-9′

$$A_u = \frac{U_o}{U_i} = \frac{(1+\beta_1)(R_E \mathbin{/\mkern-5mu/} r_{e2})}{R_{B1} + r_{be1} + (1+\beta_1)(R_E \mathbin{/\mkern-5mu/} r_{e2})} \cdot \frac{\beta_2(R_C \mathbin{/\mkern-5mu/} R_L)}{r_{be2}}$$

$$\approx \frac{(1+\beta_1)r_{e2}}{R_{B1} + r_{be1} + (1+\beta_1)r_{e2}} \cdot \frac{\beta_2(R_C \mathbin{/\mkern-5mu/} R_L)}{r_{be2}}$$

若满足 $\beta_1 = \beta_2$，$r_{be1} = r_{be2}$，则上式可化简为

$$A_u = \frac{U_o}{U_i} = \frac{\beta_1(R_C \mathbin{/\mkern-5mu/} R_L)}{R_{B1} + 2r_{be1}}$$

$$R_i = R_{B1} + r_{be1} + (1+\beta_1)(R_E \mathbin{/\mkern-5mu/} r_{e2}) \approx R_{B1} + 2r_{be1}$$

$$R_o \approx R_C$$

5-10 电路如图 P5-10 所示，试求出增益 $A_u = \dot{U}_o / \dot{U}_i$ 及 R_i、R_o 的表达式。

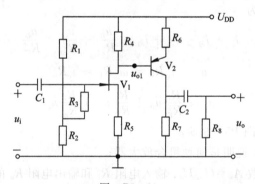

图 P5-10

解 （1）
$$A_u = \frac{\dot{U}_o}{\dot{U}_i} = \frac{\dot{U}_{o1}}{\dot{U}_i} \times \frac{\dot{U}_o}{\dot{U}_{o1}} = A_{u1} \times A_{u2}$$

$$A_{u1} = \frac{\dot{U}_{o1}}{\dot{U}_i} = -\frac{g_m R'_{L1}}{1 + g_m R_5}$$

式中
$$R'_{L1} = R_4 \mathbin{/\mkern-5mu/} R_{i2} = R_4 \mathbin{/\mkern-5mu/} [r_{be2} + (1+\beta)R_6]$$

$$A_{u2} = -\frac{\dot{U}_o}{\dot{U}_{o1}} = \frac{-\beta(R_7 \mathbin{/\mkern-5mu/} R_8)}{r_{be2} + (1+\beta)R_6}$$

（2）
$$R_i = R_3 + R_1 \mathbin{/\mkern-5mu/} R_2$$

（3）
$$R_o \approx R_7$$

5-11 试判断图 P5-11 所示各电路属于何种组态放大器，并说明输出信号相对输入的相位关系。

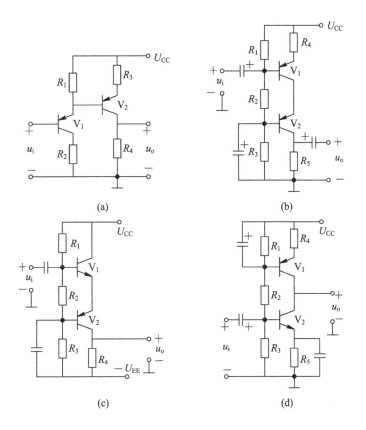

(a)

(b)

(c)

(d)

图 P5-11

解 图(a)所示电路为共集-共射组合电路,输出与输入反相。

图(b)所示电路为共射-共基组合电路,输出与输入反相。

图(c)所示电路为共集-共基组合电路,输出与输入同相。

图(d)所示电路中 V_1 管构成单管电流源(参见第六章6.2节),其集电极端具有恒流特性,因而 V_2 管组成以恒流管为负载(即有源负载)的共射放大器,输出与输入反相。

5-12 放大电路如图 P5-12(a)所示,按照电路参数在图 P5-12(b)中:

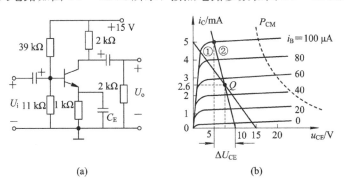

(a)

(b)

图 P5-12

(1) 画直流负载线,并确定 Q 点(设 $U_{BEQ}=0.7$ V);

(2) 画交流负载线,定出对应于 i_B 为 $0\sim100$ μA 时,U_{CE} 的变化范围,并由此计算输

出电压 U_o(有效值)。

解 (1)
$$U_B = \frac{15}{39+11} \times 11 = 3.3 \text{ V}$$

$$I_{CQ} \approx I_{EQ} = \frac{3.3-0.7}{1} = 2.6 \text{ mA}$$

过点(15 V, 0)和(0, 5 mA)作出直流负载线,其斜率为 $-\frac{1}{3}$,如图 P5-12(b)中直线①所示。

该负载线与 $I_C = I_{CQ} = 2.6$ mA 的水平线交于 Q 点,即为静态工作点。量得 $U_{CEQ} \approx 7.5$ V。

(2) 交流负载线的斜率为 $k = -\frac{1}{2 // 2} = -1$,过 Q 点作斜率为 -1 的直线,即为交流负载线,如图 P5-12(b)中的直线②所示。当 I_B 变化为 $0 \sim 100$ μA 时,由图(b)可得

$$\Delta U_{CE} = \Delta I_C \cdot R_L' = 5 \times (2 // 2) = 5 \text{ V}$$

$$U_o(\text{有效值}) = \frac{1}{\sqrt{2}} \times \left(\frac{5}{2}\right) = 1.78 \text{ V}$$

5-13 放大电路如图 P5-13(a)所示,已知 $\beta = 50$, $U_{BE} = 0.7$ V, $U_{CES} = 0$, $R_C = 2$ kΩ, $R_L = 20$ kΩ, $U_{CC} - 12$ V。

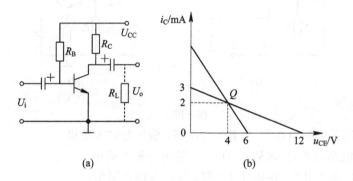

图 P5-13

(1) 若要求放大电路有最大的输出动态范围,问 R_B 应调到多大?

(2) 若已知该电路的交、直流负载线如图 P5-13(b)所示,试求: U_{CC}、R_C、U_{CEQ}、I_{CQ}、R_L、R_B 和输出动态范围 U_{opp}。

解 (1) 要求动态范围最大,应满足

$$I_{CQ}R_L' = U_{CEQ} - U_{CES} = U_{CC} - I_{CQ}R_C - U_{CES}$$

即
$$I_{CQ}(2 // 20) = 12 - 2I_{CQ}$$

解得

$$I_{CQ} = 3 \text{ mA}, \quad I_{BQ} = \frac{I_{CQ}}{\beta} = \frac{3}{50} = 0.06 \text{ mA}$$

$$R_B = \frac{U_{CC} - U_{BE}}{I_{BQ}} = \frac{12-0.7}{0.06} = 188 \text{ k}\Omega$$

(2) 由直流负载线可知:

$U_{CC} = 12$ V, $R_C = \frac{12}{3} = 4$ kΩ, $U_{CEQ} = 4$ V, $I_{CQ} = 2$ mA。$R_L' = R_C // R_L = 4 // R_L = \frac{2}{2} = 1$,

即 $R_L = 1.3 \text{ k}\Omega$。而 $I_{BQ} = \dfrac{I_{CQ}}{\beta} = \dfrac{2}{50} = 0.04 \text{ mA}$，则

$$R_B = \frac{U_{CC} - U_{BE}}{I_{BQ}} = \frac{12 - 0.7}{0.04} = 283 \text{ k}\Omega$$

$$U_{opp} = 2U_{om} = 2 \times (6 - 4) = 4 \text{ V}$$

5 - 14　在图 P5 - 13(a) 中，设三极管的 $\beta = 100$，$U_{BE} = 0.7 \text{ V}$，$U_{CES} = 0.5 \text{ V}$，$U_{CC} = 15 \text{ V}$，$R_C = 1 \text{ k}\Omega$，$R_B = 360 \text{ k}\Omega$，若接上负载 $R_L = 1 \text{ k}\Omega$，试估算输出动态范围。

解
$$I_{BQ} = \frac{U_{CC} - U_{BE}}{R_B} = \frac{15 - 0.7}{360} = 0.04 \text{ mA}$$

$$I_{CQ} = \beta I_{BQ} = 100 \times 0.04 = 4 \text{ mA}$$

$$U_{CEQ} = U_{CC} - I_{CQ}R_C = 15 - 4 \times 1 = 11 \text{ V}$$

因为
$$I_{CQ}R_L' = 4 \times (1 /\!/ 1) = 2 \text{ V} < U_{CEQ} - U_{CES} = 10.5 \text{ V}$$

故
$$U_{om} = I_{CQ}R_L' = 2 \text{ V}$$

或
$$U_{opp} = 2U_{om} = 2 \times 2 = 4 \text{ V}$$

5 - 15　假设 NPN 管固定偏流共射放大器的输出电压波形分别如图 P5 - 14(a)、(b) 所示。试问：

(1) 电路产生了何种非线性失真？

(2) 偏置电阻 R_B 应如何调节才能消除失真？

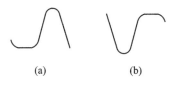

(a)　　　　(b)

图　P5 - 14

解　(1) 对于图(a)所示波形，电路产生了饱和失真。对于图(b)所示波形，电路产生了截止失真。

(2) 对于图(a)所示波形，应将 R_B 增大使 $I_{BQ}(I_{CQ})$ 减小(即工作点下移)。对于图(b)所示波形，应将 R_B 减小使 $I_{BQ}(I_{CQ})$ 增大(即工作点上移)。

5 - 16　上题中，若晶体管改为 PNP 型管，重做上题。

解　对于图 P5 - 14(a)所示的波形，电路产生了截止失真，应将 R_B 减小。

对于图 P5 - 14(b)所示的波形，电路产生了饱和失真，应将 R_B 增大。

第六章　集成运算放大器内部电路

6.1　基本要求及重点、难点

1. 基本要求

（1）了解集成运算放大器的组成和电路特点。

（2）了解电流源在集成运放中的作用；掌握单管、镜像、比例、微电流和负反馈型电流源以及有源负载放大器的组成、特点以及电路的分析、计算。

（3）掌握差动放大器的结构特点、基本工作原理、主要性能指标、传输特性以及差动电路的分析、计算；了解差动电路的推广应用。

（4）掌握集成运算放大器的输出级电路（即互补对称型射极输出器）分析以及交越失真的概念和克服方法。

（5）理解以 F007 为例的集成运算放大器内部电路组成和分析方法。

（6）了解 MOS 集成运算放大器的电路组成和分析方法。

（7）理解集成运算放大器的主要性能指标。

2. 重点、难点

重点：电流源电路的分析、计算，差动放大器的特点、工作原理、性能指标、传输特性，以及电路的分析、计算。

难点：差动放大器的分析、计算和集成运放内部电路的分析。

6.2　习题类型分析及例题精解

1. 晶体管电流源电路计算

偏置在放大状态下的晶体管在其集电极（漏极）端等效为一电流源。因此，电流源电路的计算就是管子偏置在放大状态时，其直流工作点 I_{CQ} 或 I_{DQ} 的计算。对于镜像、比例和微电流源的计算，首先应确定其参考电流，然后或按镜像或按比例或按对数关系确定电流源中晶体管的电流。

由于电流源中的管子必须工作在放大状态，所以在任何情况下既不饱和也不击穿，则电流源集电极输出端的电位应满足：$|U_{CB}| \geqslant 0$（集电极反偏）且 $|U_{CE}| < U_{(BR)CEO}$。

【例 6-1】　在图 6-1 所示的三个电流源电路中，已知 $\beta = 100$，$|U_{BE}| = 0.7\ \text{V}$。

（1）为了得到图中所示的电流，试确定电阻 R 的数值；

（2）若 V_1、V_2 管的击穿电压 $U_{(BR)CEO}$ 均为 40 V，试确定电流源输出端电位 U_{C2} 允许的取值范围；

（3）图(a)和图(c)相比，哪种形式的电路更接近理想恒流源？哪个电路受温度的影响更大些？

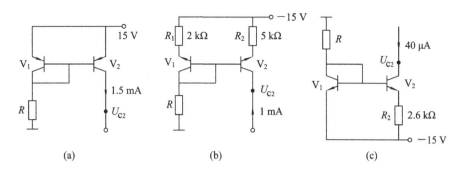

图 6-1　例 6-1 电路图

解　本题首先要依据电路结构确定三个电流源电路的类型，再根据每一种类型的电流传输关系，确定电阻 R 的数值。其次由于电流源电路中的晶体管只有工作在放大状态下才具有恒流特性，所以集电极电位 U_{C2} 必须满足 $|U_{CB}| \geqslant 0$ 且 $|U_{CE}| \leqslant U_{(BR)CEO}$。最后判断电路中是否引入电流负反馈，进而确定哪个电路的性能得到改善。

（1）由于题设条件 β 值很大，所以电路分析时可忽略基极电流 I_B 的影响。

对于图 6-1(a)所示的镜像电流源电路，有

$$R = \frac{15 - 0.7}{I_{C1}} = \frac{14.3}{I_{C2}} = \frac{14.3}{1.5} = 9.53 \text{ k}\Omega$$

对于图 6-1(b)所示的比例电流源电路，有

$$I_{C1} = \frac{5}{2} I_{C2} = 2.5 \times 1 = 2.5 \text{ mA}$$

$$R = \frac{15 - 0.7}{I_{C1}} - R_1 = \frac{14.3}{2.5} - 2 = 3.72 \text{ k}\Omega$$

对于图 6-1(c)所示的微电流源电路，有

$$I_{C1} = I_{C2} \ln^{-1}\left(\frac{I_{C2} R_2}{U_T}\right) = 40 \times 10^{-3} \ln^{-1}\left(\frac{40 \times 2.6}{26}\right) = 2.18 \text{ mA}$$

$$R = \frac{15 - 0.7}{I_{C1}} = \frac{14.3}{2.18} = 6.56 \text{ k}\Omega$$

（2）电流源电路中的晶体管只有工作在放大状态下才具有恒流特性，所以输出管的集电极电位 U_{C2} 必须满足 $|U_{CB}| \geqslant 0$ 且 $|U_{CE}| \leqslant U_{(BR)CEO}$。按此条件可分别求得：

（a）由于 V_2 管是 PNP 型，而 $U_{B2} = 15 - 0.7 = 14.3 \text{ V}$，$U_{E2} = 15 \text{ V}$，所以

$$-25 \text{ V} < U_{C2} \leqslant 14.3 \text{ V}$$

（b）由于 V_2 管是 NPN 型，而 $U_{B2} = -I_{C1}R = -2.5 \times 3.72 = -9.3 \text{ V}$，$U_{BE2} = 0.7 \text{ V}$，$U_{E2} = U_{B2} - U_{BE2} = -9.3 - 0.7 = -10 \text{ V}$，所以

$$-9.3 \text{ V} < U_{C2} \leqslant 30 \text{ V}$$

（c）由于 V_2 管是 NPN 型，而 $U_{B2} = 0.7 - 15 = -14.3 \text{ V}$，$U_{E2} = I_{C2}R_2 - 15 \approx -15 \text{ V}$，所以

$$-14.3 \text{ V} < U_{C2} \leqslant 25 \text{ V}$$

（3）图(c)电路中有电流负反馈电阻 R_2，而图(a)电路没有，所以图(c)电路更接近理

想恒流源。另外，由于图(a)电路中没有负反馈，所以受温度的影响要比图(c)电路更大。

2. 差动放大器性能分析

(1) 差放管直流工作点 I_{CQ} 计算。计算必须从差放管的耦合元件支路入手。若是电阻耦合，可直接算出电阻上的电流；若是电流源耦合，应算出电流源的输出电流，无论哪种耦合方式，差放管的静态电流为计算所得电流的一半。

(2) 差动放大器差模指标计算。由于差动放大器结构高度对称，因而差模指标的计算可转化为耦合支路接地的单边放大器的计算。具体地说：双端输出的电压放大倍数为单边放大器的电压放大倍数，输出电阻为单边的两倍；单端输出的电压放大倍数为单边接负载的放大器电压放大倍数的一半，输出电阻为单边的输出电阻；双端输出和单端输出的输入电阻均为单边输入电阻的两倍。

(3) 差动双向限幅器。根据射极耦合差动放大器电压传输特性的非线性，当输入电压超过 100 mV 时，输出电压将被限幅。因此，差动放大器在输入幅度超过 1 V 的正弦波、三角波等信号时，其输出变为近似方波。

【例 6-2】 电路如图 6-2 所示，每个外接元件及管子的参数均已知，电路完全对称。

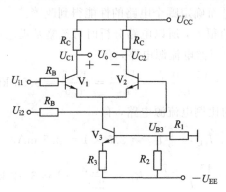

图 6-2 例 6-2 电路图

(1) 求 V_1、V_2 管的静态工作点 I_{CQ} 和 U_{CEQ}；

(2) 求 A_{ud}，R_{id}，R_{od}，A_{uc}，K_{CMR}；

(3) 分别说明 R_2、R_3 增大对差动放大器的 A_{ud}、R_{id} 和 R_o 有何影响。

解 本题是具有恒流源差分放大电路双端输入、双端输出的典型题目。解题方法是要算出恒流源的电流 I，其值的一半即为 I_{CQ}。本题是单管电流源电路，有些题目是镜像电流源或比例电流源电路，做法都是要算出其电流值的大小。

(1)
$$U_{R2} = \frac{R_2}{R_2 + R_1} U_{EE}$$

$$I_{C3Q} \approx I_{E3Q} = \frac{U_{R2} - U_{BE3Q}}{R_3}$$

因为电路完全对称，所以有

$$I_{C1Q} = I_{C2Q} = \frac{1}{2} I_{C3Q}$$

$$U_{CE1Q} = U_{CE2Q} = U_{CC} + U_{BE} - I_{C1Q} R_C$$

(2)
$$A_{ud}=\frac{U_o}{U_{id}}=\frac{U_{o1}-U_{o2}}{U_{i1}-U_{i2}}=\frac{2U_{o1}}{2U_{i1}}=-\frac{\beta R_C}{R_B+r_{be}}$$

$$R_{id}=\frac{U_{id}}{I_{id}}=\frac{U_{i1}-U_{i2}}{I_{B1}}=2(R_B+r_{be})$$

$$R_{od}=2R_C$$

$$A_{uc}=0$$

$$K_{CMR}=\frac{A_{ud}}{A_{uc}}=\infty$$

(3)
$$R_2\uparrow\to U_{B3Q}\uparrow\to I_{E3Q}\uparrow\to I_{E1Q}\uparrow\to r_{be1}\downarrow\begin{cases}R_{id}\downarrow\\A_{ud}\uparrow\\R_o\ 不变\end{cases}$$

$$R_3\uparrow\to I_{E3Q}\downarrow\to I_{E1Q}\downarrow\to r_{be1}\uparrow\to\begin{cases}R_{id}\uparrow\\A_{ud}\downarrow\\R_o\ 不变\end{cases}$$

6.3 练习题及解答

6-1 集成运放 F007 的电流源组如图 P6-1 所示，设 $U_{BE}=0.7$ V。

(1) 若 V_3、V_4 管的 $\beta=2$，试求 I_{C4}；

(2) 若要求 $I_{C1}=26$ μA，试求 R_1。

解 (1) $I_{R2}=\dfrac{30-2U_{BE}}{R_2}=\dfrac{30-2\times0.7}{39}=0.73$ mA

$$I_{C4}=\frac{I_{R2}}{1+\dfrac{2}{\beta}}=\frac{0.73}{1+1}=0.365\text{ mA}$$

(2) $R_1=\dfrac{U_T}{I_{C1}}\ln\dfrac{I_{R2}}{I_{C1}}=\dfrac{26}{0.026}\ln\dfrac{0.73}{0.026}=3.3$ kΩ

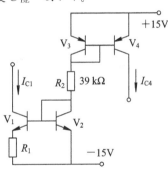

图 P6-1

6-2 由电流源组成的电流放大器如图 P6-2 所示，试估算电流放大倍数 $A_i=I_o/I_i$。

解 $I_{E1}\approx I_{C1}=I_i$

$I_{E2}\approx I_{C2}\approx I_{C3}\approx I_{E3}$

$I_{E4}\approx I_{C4}\approx I_o$

$I_{E1}\cdot2R\approx I_{E2}R,\quad I_{E2}=2I_{E1}=2I_i$

$I_{E3}\cdot3R\approx I_{E4}R,\quad I_{E4}=3I_{E3}=6I_i$

故

$$I_o\approx I_{E4}=6I_i$$

$$A_i=\frac{I_o}{I_i}=6$$

6-3 用电阻 R_2 取代晶体管的威尔逊电流源，如图 P6-3 所示，试证明 I_{C2} 为

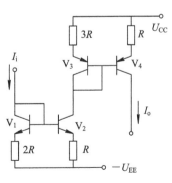

图 P6-2

$$I_{C2} \approx \frac{U_T}{R_2} \ln \frac{I_{REF}}{I_s}$$

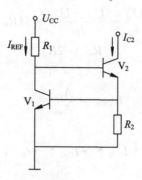

图 P6 - 3

解

$$I_{REF} \approx I_S e^{\frac{u_{BE1}}{U_T}}, \quad U_{BE1} = U_T \ln \frac{I_{REF}}{I_s}$$

而

$$I_{C2} \cdot R_2 \approx U_{BE1} = U_T \ln \frac{I_{REF}}{I_s}$$

故有

$$I_{C2} \approx \frac{U_T}{R_2} \ln \frac{I_{REF}}{I_s}$$

6 - 4 电路见图 P6 - 4，已知 $U_{CC} = U_{EE} = 15$ V，V_1、V_2 管的 $\beta = 100$，$r_{bb'} = 200$ Ω，$R_E = 7.2$ kΩ，$R_C = R_L = 6$ kΩ。

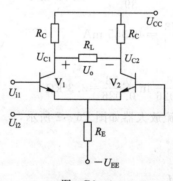

图 P6 - 4

（1）估算 V_1、V_2 管的静态工作点 I_{CQ}、U_{CEQ}；

（2）试求 $A_{ud} = \dfrac{U_o}{U_{i1} - U_{i2}}$ 及 R_{id}、R_{od}。

解 （1）

$$I_{CQ} = \frac{1}{2} \frac{U_{EE} - U_{BE}}{R_E} = \frac{1}{2} \times \frac{15 - 0.7}{7.2} = 1 \text{ mA}$$

$$U_{CEQ} = U_{CC} + 0.7 - I_{CQ} R_C = 15 + 0.7 - 1 \times 6 = 9.7 \text{ V}$$

（2）

$$r_{be} = r_{bb'} + (\beta + 1) \frac{26}{I_{EQ}} = 200 + 101 \frac{26}{1} = 2.8 \text{ kΩ}$$

$$A_{ud} = \frac{U_o}{U_{i1} - U_{i2}} = -\frac{\beta R_L'}{r_{be}} = -\frac{100 \times (6 /\!/ 3)}{2.8} = -71.4$$

$$R_{id} = 2r_{be} = 2 \times 2.8 = 5.6 \text{ k}\Omega$$
$$R_{od} = 2R_C = 2 \times 6 = 12 \text{ k}\Omega$$

6－5　差动放大器如图 P6－5 所示。已知 $U_{CC} = 24$ V，$U_{EE} = 12$ V，$R_E = 5.1$ kΩ，$R_{B1} = R_{B2} = 2$ kΩ，$R_C = R_L = 10$ kΩ，V_1、V_2 管的 $\beta = 100$，$r_{be} = 1$ kΩ，$U_{BE(on)} = 0.7$ V。

（1）估算 V_2 的静态工作点 I_{C2Q}、U_{CE2Q}；

（2）试求差模电压放大倍数 $A_{ud} = \dfrac{u_{od}}{u_{id}}$，并说明 u_o 与 u_i 之间的相位关系。

（3）估算共模抑制比 K_{CMR}；

（4）求 R_{id} 和 R_{oc}；

（5）若断开 R_{B2} 的接地端，并在该端与地之间输入一交流电压 $u_{i2} = 510\sqrt{2}\sin\omega t$（mV）；并令 $u_{i1} = u_i = 500\sqrt{2}\sin\omega t$（mV）。试求出此时输出电压 u_o 的瞬时值表达式。

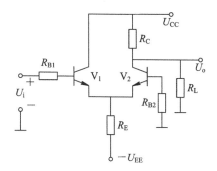

图　P6－5

解　（1）
$$I_{C2Q} = \frac{1}{2}\frac{U_{EE} - U_{BE}}{R_E} = \frac{1}{2} \times \frac{12 - 0.7}{5.1} = 1.1 \text{ mA}$$

由戴维南定理求得 V_2 管集电极端的等效电源电压 U'_{CC} 和内阻 R'_C 分别为

$$U'_{CC} = \frac{U_{CC}R_L}{R_C + R_L} = \frac{24 \times 10}{10 + 10} = 12 \text{ V}$$

$$R'_C = R_C \ /\!/ \ R_L = 10 \ /\!/ \ 10 = 5 \text{ k}\Omega$$

因而

$$U_{CE2Q} = U'_{CC} - I_{C2Q}R'_C + 0.7 = 12 - 1.1 \times 5 + 0.7 = 7.2 \text{ V}$$

（2）$A_{ud} = \dfrac{u_{od}}{u_{id}} = \dfrac{1}{2}\dfrac{\beta R'_L}{R_B + r_{be}} = \dfrac{1}{2}\dfrac{100 \times 5}{2 + 1} = 83.3$ ，u_o 与 u_i 之间的相位是同相。

（3）$K_{CMR} = \left|\dfrac{A_{ud}}{A_{uc}}\right| = \dfrac{R_B + r_{be} + \beta \times 2R_E}{2(R_B + r_{be})} \approx \dfrac{\beta R_E}{R_B + r_{be}} = \dfrac{100 \times 5.1}{2 + 1} = 170$。

（4）$R_{id} = 2(R_{B1} + r_{be}) = 2 \times (2 + 1) = 6$ kΩ，$R_{oc} = R_C = 10$ kΩ。

（5）$u_i = u_{i1} - u_{i2} = -10\sqrt{2}\sin\omega t$（mV），$u_{ic} = \dfrac{u_{i1} + u_{i2}}{2} = 505\sqrt{2}\sin\omega t$（mV）

$$\Delta u_o = A_{ud}u_i + A_{uc}u_{ic} = (-83.3 \times 10 - 0.484 \times 505)\sqrt{2}\sin\omega t \text{（mV）} = -1.08\sqrt{2}\sin\omega t \text{（V）}$$

$$u_o = U_{C2Q} + \Delta u_o = 6.5 - 1.08\sqrt{2}\sin\omega t \text{（V）}$$

6－6　电路见图 P6－6。已知 V_1、V_2 和 V_3 管的 $\beta = 100$，$r_{bb'} = 200$ Ω，$U_{CC} = U_{EE} = 15$ V，$R_C = 6$ kΩ，$R_1 = 20$ kΩ，$R_2 = 10$ kΩ，$R_3 = 2.1$ kΩ。

(1) 若 $u_{i1}=0$，$u_{i2}=10\ \sin\omega t$（mV），试求 u_o；

(2) 若 $u_{i1}=10\ \sin\omega t$（mV），$u_{i2}=5$ mV，试画出 u_o 的波形图；

(3) 当 R_1 增大时，A_{ud}、R_{id} 将如何变化？

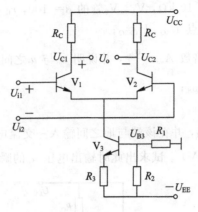

图 P6-6

解 （1）

$$U_{K2}=\frac{R_2 U_{EE}}{R_1+R_2}=\frac{10\times15}{20+10}=5\ \text{V}$$

$$I_{C3}\approx I_{E3}=\frac{U_{R2}-U_{BE}}{R_3}=\frac{5-0.7}{2.1}=2\ \text{mA}$$

$$I_{EQ}=\frac{1}{2}I_{C3}=2\times\frac{1}{2}=1\ \text{mA}$$

$$r_{be}=r_{bb'}+(1+\beta)\frac{26}{I_{EQ}}=200+101\times\frac{26}{1}=2.8\ \text{k}\Omega$$

$$A_{ud}=\frac{U_o}{U_{i1}-U_{i2}}=-\frac{\beta R_C}{r_{be}}=-\frac{100\times6}{2.8}=-214$$

（2）　　　　$u_o=A_{ud}(u_{i1}-u_{i2})=-214\times(10\ \sin\omega t-5)\times10^{-3}=1.07-2.14\ \sin\omega t\ (\text{V})$

其波形如图 P6-6′所示。

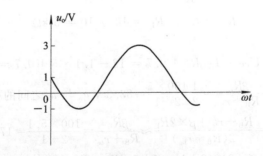

图 P6-6′

（3）$R_1\uparrow\rightarrow U_{R2}\downarrow\rightarrow I_{E3}(I_{C3})\downarrow\rightarrow I_{E1Q}(I_{E2Q})\downarrow\rightarrow r_{be1}(r_{be2})\uparrow$，使得 A_{ud} 减小，而 R_{id} 增大。

6-7　图 P6-7 是由 N 沟道 MOSFET 组成的差放电路，试说明这是一个什么电路。V_1、V_2、V_3 和 V_4 管的作用是什么？该电路的电压增量为什么做不大？

解　V_1 和 V_2 的作用是构成差分放大电路的两个放大管，V_3 和 V_4 为负载管，其中 V_1 和 V_3 组成的左半部分电路相当于共源-共栅级联，V_2 和 V_4 组成的右半部分电路原理一

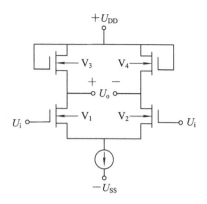

图　P6－7

样，即共栅输入电阻$\dfrac{1}{g_m}$作为共源电路的漏极负载，因为该电阻$\left(\dfrac{1}{g_m}\right)$很小，所以该电路的放

大倍数$A_{ud}=-g_m R_{i2}=-g_m \dfrac{1}{g_m}\approx 1$，电压增量做不大。

6－8　场效应管差动放大器如图 P6－8 所示。已知 V_1、V_2 管的 $g_m=5$ mS。

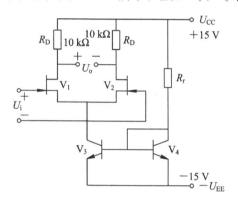

图　P6－8

（1）若 $I_{DQ}=0.5$ mA，试求 R_r；

（2）试求差模电压放大倍数 $A_{ud}=U_o/U_i$。

　　解　（1）
$$I_{Rr}\approx I_{C4}\approx I_{C3}=2I_{DQ}=2\times 0.5=1 \text{ mA}$$

$$R_r=\frac{U_{CC}-U_{EE}-0.7}{I_{Rr}}=\frac{15+15-0.7}{1}=29.3 \text{ k}\Omega$$

（2）
$$A_{ud}=\frac{U_o}{U_i}=-g_m R_D=-5\times 10=-50$$

6－9　差动放大电路如图 P6－9 所示。设 $\beta_1=\beta_2=\beta$，$r_{be1}=r_{be2}=r_{be}$，$R_{C1}=R_{C2}=R_C$，$R_{B1}=R_{B2}=R_B$，R_W 的滑动端调在 $R_W/2$ 处，试比较这两种差动放大电路的 A_{ud}、R_{id} 和 R_{od}。

　　解　（a）$A_{ud}=\dfrac{U_o}{U_{i1}-U_{i2}}=-\dfrac{\beta\left(R_C+\dfrac{R_W}{2}\right)}{R_B+r_{be}}$，$R_{id}=2(R_B+r_{be})$，$R_{od}=2R_C+R_W$

　　（b）$A_{ud}=\dfrac{U_o}{U_{i1}-U_{i2}}=-\dfrac{\beta R_C}{R_B+r_{be}+(1+\beta)\dfrac{R_W}{2}}$，$R_{id}=2\left(R_B+r_{be}+(1+\beta)\dfrac{R_W}{2}\right)$，$R_{od}=2R_C$

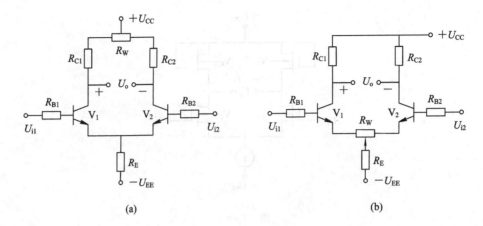

(a)   (b)

图 P6-9

电阻 R_W 的作用是调零电位器,当输入为零,输出不为零时,可以通过调整电阻 R_W 使得输出为零。该电阻的接入方式如图 P6-9(a)、(b)所示。由于在电路中接入的位置不同,电阻 R_W 将会影响到差动放大电路的 A_{ud}、R_{id} 和 R_{od},影响的结果如上所示。

6-10 电路如图 P6-10 所示。已知 $\beta_1 = \beta_2 = 80$,$r_{be1} = r_{be2} = 1$ kΩ,$R_{E1} = R_{E2} = 11$ kΩ,两管发射极间所接的电阻 $R = 47$ Ω,电位器 $R_W = 220$ Ω,试求 R_W 滑动端从最左端调至最右端时,该电路差模电压放大倍数 A_{ud} 的变化范围。

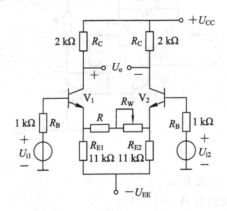

图 P6-10

解 R_W 滑动到最左端时,有

$$A_{ud} = \frac{U_o}{U_{i1} - U_{i2}} = -\frac{\beta R_C}{R_B + r_{be} + (1+\beta)\dfrac{R}{2}} = -\frac{80 \times 2}{2 + 81 \times \dfrac{0.047}{2}} = -\frac{160}{3.9} = -41$$

R_W 滑动到最右端时,有

$$A_{ud} = \frac{U_o}{U_{i1} - U_{i2}} = -\frac{\beta R_C}{R_B + r_{be} + (1+\beta)\dfrac{R + R_W}{2}}$$

$$= -\frac{80 \times 2}{2 + 81 \times \dfrac{0.267}{2}} = -\frac{160}{12.8} = -12.5$$

故 A_{ud} 的变化范围为 $-41 \leqslant A_{ud} \leqslant -12.5$。

6-11 电路如图 P6-11 所示,试分析该电路的工作原理及特点。

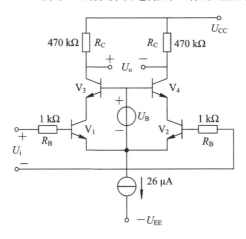

图 P6-11

解 电路为共射-共基组合的差分放大电路。其主要特点是高频特性好,具有较宽的频带,同时电压增益大。

6-12 电路如图 P6-12 所示,试分析该电路的工作原理及特点。

解 这是一个共集-共基组合的差分放大电路,其主要特点是高频特性好,具有较宽的频带,同时能够提供一定的电压和电流增益。

6-13 电路如图 P6-13 所示。设 $\beta_1 = \beta_2 = \beta_3 = 100$,$r_{be1} = r_{be2} = 5$ kΩ,$r_{be3} = 1.5$ kΩ。

(1) 静态时,若要求 $U_o = 0$,试估算 I;

(2) 计算电压放大倍数 $A_u = U_o / U_i$。

解 (1) 当 $U_o = 0$ 时,有

$$I_{E3} \approx I_{C3} = \frac{U_{EE}}{R_{C3}} = \frac{15}{7.5} = 2 \text{ mA}$$

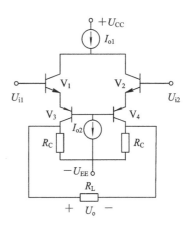

图 P6-12

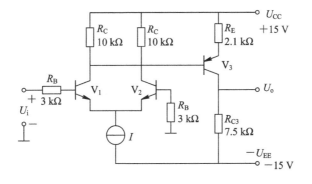

图 P6-13

$$U_{RC} = I_{E3}R_E + 0.7 = 2 \times 2.1 + 0.7 \approx 5 \text{ V}$$

$$I = 2I_{C1} = 2 \times \frac{U_{RC}}{R_C} = 2 \times \frac{5}{10} = 1 \text{ mA}$$

(2)
$$R_{i2} = r_{be3} + (1+\beta)R_E = 1.5 + 101 \times 2.1 = 213.6 \text{ k}\Omega$$

$$A_u = \frac{U_o}{U_i} = -\frac{1}{2} \cdot \frac{\beta(R_C /\!/ R_{i2})}{R_B + r_{be1}} \cdot \frac{-\beta R_{C3}}{r_{be3} + (1+\beta)R_E}$$

$$= \frac{1}{2} \times \frac{100 \times (10 /\!/ 213.6)}{3+5} \times \frac{100 \times 7.5}{1.5 + 101 \times 2.1} = 210$$

6 - 14 电路见图 P6 - 14。设 $U_{CC} = U_{EE} = 15$ V, $I = 2$ mA, $R_C = 5$ kΩ, $u_{id} = 1.2 \sin\omega t$ (V)。

(1) 试画出 u_o 的波形,并标出波形的幅度;

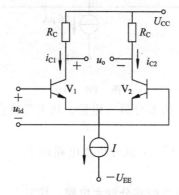

图 P6 - 14

(2) 若 R_C 变为 10 kΩ,管子将处于什么工作状态?

解 (1) 由于 $U_{idm} = 1.2$ V $\gg 0.1$ V,电路呈现限幅特性,其 u_o 波形如图 P6 - 14′所示。

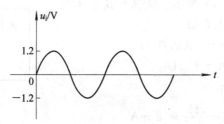

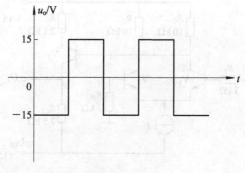

图 P6 - 14′

(2) 当 R_C 变为 10 kΩ 时,u_o 幅度增大,其值接近 ± 15 V,此时一管饱和,另一管截止。

6 - 15 电路见图 P6 - 15。已知 $\beta_1=\beta_2=100$，$r_{be1}=r_{be2}=5\ \text{k}\Omega$，$R_s=2\ \text{k}\Omega$，$R_W=0.5\ \text{k}\Omega$，$R_C=8\ \text{k}\Omega$。

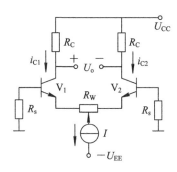

图　P6 - 15

(1) 静态时，若 $u_o<0$，试问电位器 R_W 的动臂应向哪个方向调整才能使 $u_o=0$？

(2) 若在 V_1 管输入端加输入信号 U_i，试求差模电压放大倍数和差模输入电阻。

解　(1) 若 $u_o<0$，$U_{C1Q}=U_{CC}-I_{C1Q}R_C$，$U_{C2Q}=U_{CC}-I_{C2Q}R_C$，因为 $U_o=U_{C1Q}-U_{C2Q}<0$，所以 $I_{C1Q}>I_{C2Q}$。又因为 $I_{E1Q}R_{E1}=I_{E2Q}R_{E2}$，所以 $I_{E1Q}\downarrow\rightarrow$则 $R_{E1}\uparrow\rightarrow R_{W右}\downarrow$，$R_W$ 的动臂应向右移动。

(2)
$$A_{ud}=\frac{U_o}{U_i}=-\frac{\beta R_C}{R_s+r_{be}+(1+\beta)\dfrac{R_w}{2}}=-\frac{100\times8}{2+5+101\times0.25}=-24.8$$

$$R_{id}=2\left(R_s+r_{be}+(1+\beta)\frac{R_W}{2}\right)=2\times(2+5+101\times0.25)=64.5\ \text{k}\Omega$$

6 - 16 有源负载差动放大器如图 P6 - 16 所示。

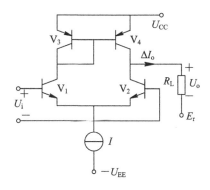

图　P6 - 16

(1) 试分析在输入信号作用下，输出电流 ΔI_o 与 V_1、V_2 管输出电流之间的关系；

(2) 计算差模电压放大倍数 $A_{ud}=U_o/U_i$。

解　(1) 因为 $\Delta I_{C1}=\Delta I_{C2}$，而 $\Delta I_{C1}\approx\Delta I_{C3}\approx\Delta I_{C4}$，所以
$$\Delta I_o=\Delta I_{C4}+\Delta I_{C2}=\Delta I_{C1}+\Delta I_{C2}=2\Delta I_{C2}$$

(2)
$$A_{ud}=\frac{U_o}{U_i}=\frac{\beta R_L}{r_{be}}$$

6 - 17 集成运放 5G23 的电路原理图如图 P6 - 17 所示。

(1) 简要叙述电路的组成原理；

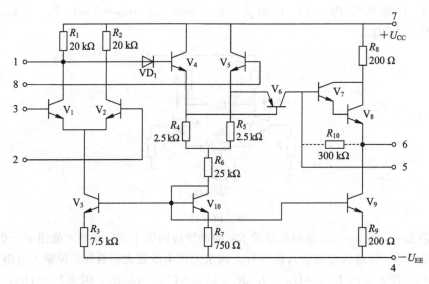

图 P6-17

(2) 说明二极管 VD_1 的作用;

(3) 判断 2、3 端哪个是同相输入端,哪个是反相输入端。

解 (1) V_1、V_2 管组成差动输入级,双端输出。V_4、V_5 为射随器。V_6 管是具有单端化作用的单管中间放大器,它将 V_4、V_5 输出的差模信号直接加在发射结,从而起到双端输出的效果。V_7、V_8 组成具有电流源负载的复合管射随器,作输出级。V_3、V_{10}、V_9 组成比例电流源。

(2) VD_1 管的作用是为 V_6 管提供一个偏置电压,使静态时 V_6 的发射极比基极高出一个门限电压。

(3) 2 端为反相输入端,3 端为同相输入端。

第七章　放大器的频率响应

7.1　基本要求及重点、难点

1. 基本要求

(1) 理解频率失真、线性失真和非线性失真的概念；了解实际放大器的幅频特性；掌握上/下限频率、通频带和增益频带积的定义。

(2) 理解晶体管的高频小信号模型和频率参数；掌握特征频率等相关知识。

(3) 理解密勒定理；了解单级共射放大器高频响应分析方法和波特图近似表示法；掌握晶体管及电路元器件对高频特性的影响。

(4) 掌握共基、共集放大器高频特性的特点；了解 CE - CB、CE - CC 级联电路展宽频带的原理；掌握影响放大器频率特性的主要因素；理解展宽频带的主要方法和宽带放大器的设计原则。

(5) 了解场效应管放大器的高频响应分析。

(6) 了解放大器低频响应分析方法；掌握下限频率分析和计算方法。

(7) 了解多级放大器下限频率 f_L 和上限频率 f_H 与单级放大器的定性关系。

(8) 了解稳态指标上限频率 f_H 与暂态指标建立时间 t_r 的关系。

2. 重点、难点

重点：频率响应相关知识，晶体管高频小信号模型和频率参数，三种基本放大器上限频率的特点，展宽频带的主要方法和宽带放大器的设计原则。

难点：放大器频率响应的分析和计算，宽带放大器的设计。

7.2　习题类型分析及例题精解

1. 确定放大器的主要频率参数

(1) 已知频率特性表达式（或根据电路结构写出传递函数的频率特性表达式）时，只需将表达式写成标准形式，即可得到放大器的中频增益 A_{uI}、上限频率 f_H、下限频率 f_L、带宽和增益带宽积等主要频率参数。

(2) 已知放大器幅频特性，根据波特图相关知识可得放大器的主要频率参数。

【例 7 - 1】　已知放大器传输函数分别为

(1) $A_1(\mathrm{j}f) = \dfrac{10^9}{\left(10 + \mathrm{j}\,\dfrac{f}{10^4}\right)(\mathrm{j}f + 10^4)\left(100 + \dfrac{10^4}{\mathrm{j}f}\right)}$;

(2) $A_2(s) = \dfrac{10^{11}}{(s + 10^4)(s + 10^5)}$;

(3) $A_3(\mathrm{j}f) = \dfrac{\mathrm{j}100f}{\left(10+\mathrm{j}\dfrac{f}{10}\right)\left(10+\mathrm{j}\dfrac{f}{10^5}\right)}$,

则放大器的中频增益 A_{uI}、上限频率 f_H、下限频率 f_L 分别是多少？

解 本题主要考核频率特性表达式，只需将表达式写成标准形式即可。

(1) $A_1(\mathrm{j}f) = \dfrac{10^2}{\left(1+\mathrm{j}\dfrac{f}{10^5}\right)\left(1+\mathrm{j}\dfrac{f}{10^4}\right)\left(1-\mathrm{j}\dfrac{10^2}{f}\right)} = \dfrac{A_{uI}}{\left(1+\mathrm{j}\dfrac{f}{f_{H1}}\right)\left(1+\mathrm{j}\dfrac{f}{f_{H2}}\right)\left(1-\mathrm{j}\dfrac{f_L}{f}\right)}$

可见中频增益 $A_{uI}=100$；上限频率 $f_{H1}=10^5$ Hz$\gg f_{H2}=10^4$ Hz，所以总的上限频率 $f_H \approx f_{H2}=10^4$ Hz；下限频率 $f_L=100$ Hz。

(2) 由 $A_2(s)$ 可得

$$A_2(\mathrm{j}\omega) = \dfrac{100}{\left(1+\mathrm{j}\dfrac{\omega}{10^4}\right)\left(1+\mathrm{j}\dfrac{\omega}{10^5}\right)} = \dfrac{100}{\left(1+\mathrm{j}\dfrac{\omega}{\omega_{H1}}\right)\left(1+\mathrm{j}\dfrac{\omega}{\omega_{H2}}\right)}$$

所以中频增益 $A_{uI}=100$；$\omega_{H1}=10^4 \ll \omega_{H2}=10^5$，所以总上限频率 $f_H \approx \dfrac{\omega_{H1}}{2\pi} = \dfrac{10^4}{2\pi} \approx 1.6$ kHz。

(3) $\qquad A_3(\mathrm{j}f) = \dfrac{100}{\left(1-\mathrm{j}\dfrac{100}{f}\right)\left(1+\mathrm{j}\dfrac{f}{10^6}\right)} = \dfrac{A_{uI}}{\left(1-\mathrm{j}\dfrac{f_L}{f}\right)\left(1+\mathrm{j}\dfrac{f}{f_{H1}}\right)}$

中频增益 $A_{uI}=100$，上限频率 $f_H=1$ MHz，下限频率 $f_L=100$ Hz。

【例 7-2】 已知某放大器的频率特性表达式为

$$A(\mathrm{j}\omega) = \dfrac{200 \times 10^6}{\mathrm{j}\omega + 10^6}$$

试求该放大器的中频增益、上限频率及增益频带积。

解 将给出的频率特性变换成标准形式：

$$A(\mathrm{j}\omega) = \dfrac{200 \times 10^6}{\mathrm{j}\omega + 10^6} = \dfrac{200}{1+\mathrm{j}\dfrac{\omega}{10^6}}$$

可见中频增益 $A_{uI}=200$，上限角频率 $\omega_H=10^6$ rad/s$\left(上限频率\ f_H = \dfrac{\omega_H}{2\pi} = 159.2\ \text{kHz}\right)$。

由增益频带积的定义，可求得

$$G \cdot BW = |A_{uI} \cdot BW| = 31.85\ \text{MHz}$$

【例 7-3】 已知某放大器的幅频特性
如图 7-1 所示，该放大器中频增益 $A_{uI}=$
_____，上限频率 $f_H=$ _____ Hz，下限频
率 $f_L=$ _____ Hz，带宽 BW $=$ _____ Hz，
增益频带积 $=$ _____ Hz。

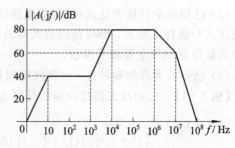

图 7-1 例 7-3 幅频特性

解 本题主要考核波特图的相关知识。
从图中可见，中频增益 $A_{uI}=80$ dB(或 10^4)，
上限频率 $f_H=10^6$ Hz，下限频率 $f_L=10^4$ Hz，
增益频带积 $G \cdot BW = |A_{uI} \cdot BW| \approx |A_{uI} \cdot f_H| = 10^4 \times 10^6 = 10^{10}$ Hz。

2. 根据频率失真(包括幅频失真和相频失真)、线性失真和非线性失真的概念,正确判断电路失真类型

【例 7 - 4】 饱和失真和截止失真属于_____失真,由电容、电感等电抗元件引入的是_____失真。

解 本题考核线性失真和非线性失真基本概念。

饱和失真和截止失真会使信号限幅,产生新的频率分量,属于非线性失真。

由电容、电感等电抗元件引入的是频率失真,可以是幅频失真也可以是相频失真,都属于线性失真,所以本空可填频率失真或线性失真。

【例 7 - 5】 已知放大器幅频特性如图 7-2 所示,最大不失真输出动态范围为 $U_{omax}=\pm 5$ V,当分别输入下列信号时,输出是否有失真?

(1) $u_i=10\cos(8\pi\times 10^3 t)$ mV;

(2) $u_i=\cos(2\pi\times 10^6 t)$ mV;

(3) $u_i=\cos(200\pi t)+2\cos(2\pi\times 10^4 t)$ mV;

(4) u_i 为语音信号;

(5) u_i 为视频信号;

(6) u_i 为频率为 20 kHz 的方波信号。

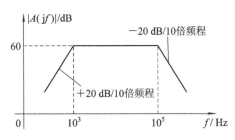

图 7 - 2 例 7 - 5 幅频特性

解 由图 7-2 可知放大器的上限频率 $f_H=100$ kHz,下限频率 $f_L=1$ kHz,中频增益 $A_{u1}=60$ dB(或 10^3),最大不失真输出动态范围为 $U_{omax}=\pm 5$ V,所以最大不失真输入信号 $u_{imax}\leqslant 5$ mV。

(1) u_i 为单一频率,不存在频率失真问题,但信号峰值 $u_{im}=10$ mV,$u_{im}>u_{imax}$,所以输出信号被限幅,产生非线性失真。

(2) u_i 频率在高频区,但为单一频率,不会有频率失真,峰值 $u_{im}<u_{imax}$,不存在非线性失真。

(3) u_i 中有两个频率分量,其中 10 kHz 在中频区,100 Hz 在低频区,所以存在频率失真,信号幅度均小于 u_{imax},不存在非线性失真。

(4) 语音信号频率范围为 20 Hz～20 kHz,但实际中带宽往往小于该值,如电话信号主要频率范围为 300 Hz～3.4 kHz,其低频分量位于低频区,存在频率失真,经该放大器后,语音信号中低频信号音质变差。

(5) 视频信号频率范围为 0 Hz～6 MHz,远大于该放大器带宽,必然产生频率失真,即视频信号经该放大器后,图像变模糊。

(6) 方波信号由基波及其高次谐波组成,本题 u_i 中 5 次以上谐波位于通带外,必然产生频率失真,经该放大器后,方波边沿变坏,高电平期间有起伏。

【例 7 - 6】 一放大器的中频增益 $A_{u1}=40$ dB,上限频率 $f_H=2$ MHz,下限频率 $f_L=100$ Hz,输出不失真的动态范围为 $U_{opp}=10$ V,在下列各种输入信号情况下会产生什么失真?

(1) $u_i(t)=0.1\sin(2\pi\times 10^4 t)$ (V);

(2) $u_i(t)=10\sin(2\pi\times 3\times 10^6 t)$ (mV);

(3) $u_i(t)=10\sin(2\pi\times 400t)+10\sin(2\pi\times 10^6 t)$ (mV);

(4) $u_i(t) = 10 \sin(2\pi \times 10t) + 10 \sin(2\pi \times 5 \times 10^4 t)$ (mV);

(5) $u_i(t) = 10 \sin(2\pi \times 10^3 t) + 10 \sin(2\pi \times 10^7 t)$ (mV)。

解 (1) 输入信号为单一频率正弦波,所以不存在频率失真问题。但由于输入信号幅度较大(为 0.1 V),经放大 100 倍后峰峰值为 $0.1 \times 2 \times 100 = 20$ V,已大大超过输出不失真动态范围($U_{opp} = 10$ V),故输出信号将产生严重的非线性失真(波形出现限幅)。

(2) 输入信号为单一频率正弦波,虽然处于高频区,但不存在频率失真问题。又因为信号幅度较小,为 10 mV,经放大后峰峰值为 $100 \times 2 \times 10 = 2$ V,故不会出现非线性失真。

(3) 输入信号两个频率分量分别为 400 Hz 及 1 MHz,均处于放大器的中频区,不会产生频率失真。又因为信号幅度较小(10 mV),故也不会出现非线性失真。

(4) 输入信号两个频率分量分别为 10 Hz 及 50 kHz,一个处于低频区,而另一个处于中频区,故经放大后会出现低频频率失真。又因为信号幅度小,叠加后放大器未超过线性动态范围,所以不会有非线性失真。

(5) 输入信号两个频率分量分别为 1 kHz 和 10 MHz,一个处于中频区,而另一个处于高频区,故信号经放大后会出现高频频率失真。同样,由于输入幅度小,不会出现非线性失真。

3. 确定不同电抗元件对频率特性的影响

(1) 放大器中晶体管的极间电容、负载电容及电路中的分布电容影响放大器的高频响应(即上限频率),耦合电容和旁路(通)电容影响放大器的低频响应(即下限频率)。

(2) 分析放大器频率特性时,可先忽略所有电容的影响,计算放大器中频增益 A_{uI}。再考虑电容的影响,分别求出高频时常数 τ_H 和低频时常数 τ_L。高频时常数的倒数即为上限频率 ω_H,低频时常数的倒数即为下限频率 ω_L。

【例 7 - 7】 某两级放大器等效电路如图 7 - 3 所示,图中 $R_i = R_o = R_L = 2$ kΩ,负载电容 $C_L = 1000$ pF,耦合电容 $C_1 = 1$ μF,分析由 C_1 决定的下限频率 $f_L = $ _____ Hz,由 C_L 决定的上限频率 $f_H = $ _____ Hz。

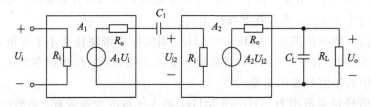

图 7 - 3 例 7 - 7 电路图

解 本题主要考核根据已知电路如何计算上/下限频率。根据教材中频率响应分析可知耦合电容 C_1 影响下限频率,先计算 C_1 引入的低频时常数 $\tau_{L1} = (R_i + R_o)C_1$,再计算下限频率:

$$f_{L1} = \frac{1}{2\pi\tau_{L1}} = \frac{1}{2\pi(R_i + R_o)C_1} = \frac{1}{2\pi(2+2) \times 10^3 \times 10^{-6}} \approx 40 \text{ Hz}$$

或因为

$$\frac{u_{i2}}{u_i} = A_1 \frac{R_i}{R_o + \dfrac{1}{j\omega C_1} + R_i} = A_1 \frac{R_i}{R_o + R_i} \cdot \frac{1}{1 + \dfrac{1}{j\omega(R_o + R_i)C_1}} = \frac{A_{1ui}}{1 - j\dfrac{\omega_L}{\omega}}$$

所以 C_1 影响下限频率，计算下限频率同上。

负载电容 C_L 引入的上限频率：

$$f_{H1} = \frac{1}{2\pi\tau_{H1}} = \frac{1}{2\pi(R_i \mathbin{/\mkern-5mu/} R_o)C_1} = \frac{1}{2\pi(2 \mathbin{/\mkern-5mu/} 2) \times 10^3 \times 10^{-9}} \approx 160 \text{ kHz}$$

【例 7 - 8】 晶体管放大器如图 7 - 4 所示，设 β 和 r_{be} 已知，当开关 S 分别接 a 端和 b 端时，写出中频电压增益 A_{ul} 和负载电容 C_L 引起的上限频率 f_H。

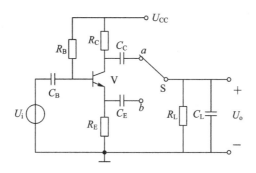

图 7 - 4   例 7 - 8 电路图

解   本题主要考核根据已知电路如何计算中频增益、上/下限频率。

开关 S 接 a 端，即从 C 极输出，电路为 CE 组态，忽略图中所有电容的影响，计算中频增益

$$A_{ul1} = -\frac{\beta(R_C \mathbin{/\mkern-5mu/} R_L)}{r_{be} + (1+\beta)R_E} \approx -\frac{R_C \mathbin{/\mkern-5mu/} R_L}{R_E}$$

$$f_{H1} = \frac{\omega_{H1}}{2\pi} = \frac{1}{2\pi\tau_{H1}} = \frac{1}{2\pi(R_C \mathbin{/\mkern-5mu/} R_L)C_L}$$

开关 S 接 b 端，即从 E 极输出，电路为 CC 组态，则

$$A_{ul2} = \frac{(1+\beta)(R_E \mathbin{/\mkern-5mu/} R_L)}{r_{be} + (1+\beta)(R_E \mathbin{/\mkern-5mu/} R_L)} \approx 1$$

$$f_{H2} = \frac{1}{2\pi(R_L \mathbin{/\mkern-5mu/} R_{o2})C_L} = \frac{1}{2\pi\left(R_L \mathbin{/\mkern-5mu/} R_E \mathbin{/\mkern-5mu/} \dfrac{r_{be}}{1+\beta}\right)C_L} \approx \frac{1}{2\pi r_e C_L}$$

由上述可见，因为 $r_e \ll R_C \mathbin{/\mkern-5mu/} R_L$，所以 $f_{H2} \gg f_{H1}$。

【例 7 - 9】 单级共射放大电路如图 7 - 5 所示，已知开关 S 断开时的中频电压增益

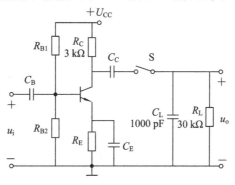

图 7 - 5   例 7 - 9 电路图

$A_{uI1}=-100$，上限频率 $f_{H1}=100$ kHz，当开关 S 闭合时，

（1）中频电压增益 A_{uI2} 和上限频率 f_{H2} 各为多少？

（2）若要求开关 S 闭合后中频电压增益 A_{uI3} 和上限频率 f_{H3} 近似不变（$A_{uI3}\approx100$，$f_{H3}\approx100$ kHz），应采取何种解决方案？

解 （1）
$$A_{uI2}=\frac{\beta(R_C /\!/ R_L)}{r_{be}}\approx-\frac{\beta R_C}{r_{be}}=A_{uI1}=-100$$

C_L 引入的上限频率为
$$f'_{H2}=\frac{1}{2\pi(R_L /\!/ R_C)C_L}\approx\frac{1}{2\pi(3\ \text{k}\Omega /\!/ 30\ \text{k}\Omega)1000\ \text{pF}}\approx53\ \text{kHz}$$

所以
$$f_{H2}\approx\frac{1}{\sqrt{\dfrac{1}{f_{H1}^2}+\dfrac{1}{(f'_{H2})^2}}}=\sqrt{\dfrac{1}{\dfrac{1}{(100\times10^3)^2}+\dfrac{1}{(53\times10^3)^2}}}\approx47\ \text{kHz}$$

可见，由于 $R_L\gg R_C$，负载的接入对中频增益影响很小，近似可以忽略，但负载电容 C_L 的接入对频率响应（上限频率）的影响很明显。

（2）可在共射放大器与负载（R_L 并联 C_L）之间插入一级共集（CC）放大器，如图 7-6 所示，利用共集放大器输入电阻高和输出电阻低，即带负载能力强的特点减小负载电阻 R_L 和负载电容 C_L 对中频增益和上限频率的影响，此时
$$A_{uI3}=-\frac{\beta(R_C /\!/ R_{i2})}{r_{be}}\frac{(1+\beta)(R_{E2} /\!/ R_L)}{r_{be}+(1+\beta)(R_{E2} /\!/ R_L)}$$

式中，$R_{i2}=R_{B3} /\!/ R_{B4} /\!/ [r_{be}+(1+\beta)(R_{E2}+R_L)]$。

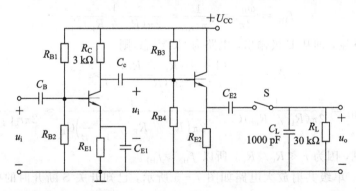

图 7-6

因为 $R_{i2}\gg R_C$，且第二级共集放大器电压增益约等于 1，所以此时的中频电压增益与未接负载时相比下降很少，约等于 A_{uI1}。

C_L 引入的上限频率
$$f'_{H3}=\frac{1}{2\pi(R_L /\!/ R_{O2})C_L}$$

式中，$R_{O2}=R_E /\!/ \dfrac{r_{be}+R_{B3} /\!/ R_{B4} /\!/ R_C}{1+\beta}$，由于 R_{O2} 很小，所以 $f'_{H3}\gg f_{H1}$，即总的上限频率 f_{H3} 约等于未接负载时的上限频率 f_{H1}。

7.3 练习题及解答

7-1 已知某晶体管电流放大倍数的频率特性波特图如图 P7-1 所示，试写出 β 的频率特性表达式，分别指出该管的 ω_β、ω_T 各为多少，并画出其相频特性的渐近波特图。

解 由 $\beta(\omega)$ 的渐近波特图可知：$\beta_0 = 100$，$\omega_\beta = 4$ Mrad/s。它是一个单极点系统，故相应的频率特性表达式为

$$\beta(j\omega) = \frac{\beta_0}{1 + j\dfrac{\omega}{\omega_\beta}} = \frac{100}{1 + j\dfrac{\omega}{4 \times 10^6}}$$

因为 $\omega_T \approx \beta_0 \omega_\beta$，故 $\omega_T = 400$ Mrad/s，也可从其波特图根据 ω_T 的定义直接读出。相位频率特性的渐近波特图如图 P7-1′ 所示。

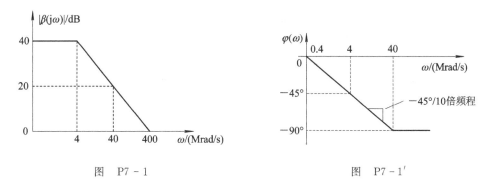

图 P7-1   图 P7-1′

7-2 已知某放大器的频率特性表达式为

$$A(j\omega) = \frac{10^{13}(j\omega + 100)}{(j\omega + 10^6)(j\omega + 10^7)}$$

（1）试画出该放大器的幅频特性及相频特性波特图；

（2）确定其中频增益及上限频率的大小。

解 （1）将给定的频率特性表达式变换成标准形式：

$$A(j\omega) = \frac{10^{13}(j\omega + 100)}{(j\omega + 10^6)(j\omega + 10^7)} = \frac{10^2\left(1 + j\dfrac{\omega}{100}\right)}{\left(1 + j\dfrac{\omega}{10^6}\right)\left(1 + j\dfrac{\omega}{10^7}\right)} \text{（两个极点，一个零点）}$$

相应的幅频特性及相频特性表达式为

$$|A(j\omega)| = \frac{10^2\sqrt{1 + \left(\dfrac{\omega}{10^2}\right)^2}}{\sqrt{1 + \left(\dfrac{\omega}{10^6}\right)^2}\sqrt{1 + \left(\dfrac{\omega}{10^7}\right)^2}}$$

$$\varphi(j\omega) = \arctan\left(\frac{\omega}{10^2}\right) - \arctan\left(\frac{\omega}{10^6}\right) - \arctan\left(\frac{\omega}{10^7}\right)$$

根据常数、零点及极点的波特图作法，可画出相应的波特图，如图 P7-2 所示。

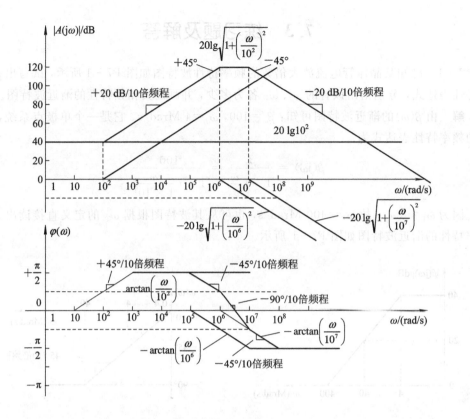

图 P7 - 2

（2）根据波特图可见，中频增益和上限频率分别为

$$A_{uI} = 120 \text{ dB}$$

$$f_{\text{H}} = \frac{10^7}{2\pi} \approx 1.6 \text{ MHz}$$

7 - 3　分相器电路如图 P7 - 3 所示，该电路的特点是，在集电极和发射极可输出一对等值反相的信号。现有一容性负载 C_L，若将 C_L 分别接到集电极和发射极，则由 C_L 引入的上限频率各为多少？（不考虑晶体管内部电容的影响。）

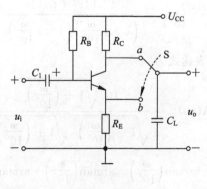

图 P7 - 3

解　（1）假如开关 S 接 a 点，则负载电容接至集电极，由 C_L 引入的上限频率 $f_{\text{H}a}$ 为

$$f_{Ha} = \frac{1}{2\pi R_{oa} \times C_L} = \frac{1}{2\pi R_C C_L}$$

（2）假如开关 S 接 b 点，则负载电容接至发射极，由 C_L 引入的上限频率 f_{Hb} 为

$$f_{Hb} = \frac{1}{2\pi R_{ob} \times C_L} = \frac{1}{2\pi \left(R_E \ /\!/ \ \dfrac{r_{be}}{1+\beta} \right) C_L}$$

可见，$f_{Hb} \gg f_{Ha}$，这是因为射极输出时的输出电阻 R_{ob} 很小，带负载能力强的缘故。

7-4 有一放大器的传输函数为

$$A_u(j\omega) = \frac{-1000}{\left(1 + j\dfrac{\omega}{10^7} \right)^3}$$

试求：

（1）低频放大倍数 $|A_{ul}|$；

（2）放大倍数绝对值 $|A_u(j\omega)|$ 及附加相移 $\Delta\varphi(j\omega)$ 的表达式；

（3）画出幅频特性波特图；

（4）上限频率 f_H。

解 （1）该放大器是一个三阶重极点、无零点系统，中低频放大倍数 $|A_{ul}| = 1000$（60 dB）。

（2）
$$|A_u(j\omega)| = \frac{1000}{\sqrt{\left[1 + \left(\dfrac{\omega}{10^7} \right)^2 \right]^3}}$$

$$\Delta\varphi(j\omega) = -3\arctan\frac{\omega}{10^7}$$

（3）幅频特性波特图如图 P7-4 所示。

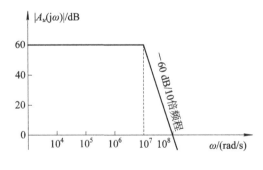

图 P7-4

（4）上限频率：放大倍数下降到中频区的 $1/\sqrt{2}$ 所对应的频率，即

$$|A_u(j\omega)| = \frac{1000}{\sqrt{\left[1 + \left(\dfrac{\omega_H}{10^7} \right)^2 \right]^3}} = \frac{1000}{\sqrt{2}} \approx 707.2$$

故

$$\left[1 + \left(\frac{\omega_H}{10^7} \right)^2 \right]^3 = 2$$

$$\omega_H = \sqrt{2^{\frac{1}{3}} - 1} \times 10^7 \approx 0.51 \times 10^7$$

$$f_H = \frac{\omega_H}{2\pi} \approx \frac{0.51 \times 10^7}{2\pi} \approx 0.812 \text{ MHz}$$

7-5 一放大器的混合 π 型等效电路如图 P7-5 所示，其中，$R_s \approx 100\ \Omega$，$r_{bb'} = 100\ \Omega$，$\beta = 100$，工作点电流 $I_{CQ} = 1$ mA，$C_{b'c} = 2$ pF，$f_T = 300$ MHz，$R_C = R_L = 1$ kΩ，试求：

(1) $r_{b'e}$、$C_{b'e}$ 和 g_m；

(2) 密勒等效电容 C_M；

(3) 中频源增益 A_{uIs}；

(4) 上限频率 f_{H1} 和 $\Delta\varphi(jf_{H1})$。

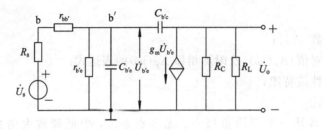

图 P7-5

解 (1)
$$r_{b'e} = (1+\beta)r_e = (1+\beta)\frac{26\text{ mV}}{I_{CQ}} \approx 2.6\text{ k}\Omega$$

$$C_{b'e} = \frac{1}{2\pi f_T r_e} = \frac{1}{2\pi \times 300 \times 10^6 \times 26} \approx 2.04 \times 10^{-11} = 20.4\text{ pF}$$

$$g_m \approx \frac{1}{r_e} = \frac{1}{26} = 38.46\text{ mA/V}$$

(2)
$$C_M = (1 + g_m R_L')C_{b'c} = \left(1 + \frac{500}{26}\right) \times 2 = 40.5\text{ pF}$$

(3)
$$A_{uIs} = -g_m R_L' \frac{r_{b'e}}{R_s + r_{b'e} + r_{bb'}}$$

$$= -\frac{1}{26} \times 500 \times \frac{2.6}{0.1 + 2.6 + 0.1} = -17.86$$

(4)
$$f_{H1} = \frac{1}{2\pi[(R_s + r_{bb'}) // r_{b'e}](C_{b'e} + C_M)}$$

$$= \frac{1}{2\pi \times \frac{0.2 \times 2.6}{0.2 + 2.6} \times (20.4 + 40.5) \times 10^{-9}} = 14.1\text{ MHz}$$

附加相移 $\Delta\varphi(jf_{H1})$ 为 f_{H1} 所对应的相移，所以，$\Delta\varphi(jf_{H1}) = -45°$。

7-6 放大电路如图 P7-6(a) 所示，已知晶体管参数 $\beta = 100$，$r_{bb'} = 100\ \Omega$，$r_{b'e} = 2.6$ kΩ，$C_{b'e} = 60$ pF，$C_{b'c} = 4$ pF，$R_B = 500$ kΩ，源电阻 $R_s = 100\ \Omega$，要求的频率特性如图 P7-6(b) 所示，试求：

(1) R_C 的值；(提示：首先满足中频增益的要求。)

(2) C_1 的值；

(3) f_H 的值。

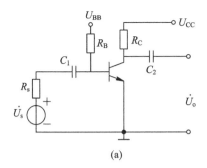 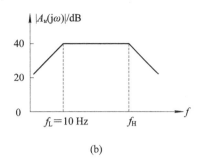

(a)   (b)

图　P7 - 6

解 (1) 由图(b)可知,中频源增益 $A_{u1s}=40$ dB,即 100 倍。

$$A_{u1s} = \frac{-\beta R_C}{R_s + r_{bb'} + r_{b'e}} = \frac{-100 \times R_C}{0.1 + 0.1 + 2.6} = -100$$

故

$$R_C = 2.8 \text{ k}\Omega$$

(2) C_1 决定了下限频率,由图(b)可知 $f_L = 10$ Hz,有

$$f_L = \frac{1}{2\pi C_1 \times (R_s + r_{be})} = 10 \text{ Hz}$$

故

$$C_1 = \frac{1}{2\pi \times 10 \times 2.8 \times 10^3} = 5.68 \ \mu\text{F}(\text{取 } C_1 = 10 \ \mu\text{F})$$

(3) $$f_H = \frac{1}{2\pi \left[(R_s + r_{bb'}) /\!/ r_{b'e} \right] \times (C_{b'e} + C_M)}$$

式中

$$C_M = C_{b'c}(1 + g_m R_C) = 4\left(1 + \frac{R_C}{r_e}\right) = 4\left(1 + \frac{2.8 \times 10^3}{26}\right) \approx 434.8 \text{ pF}$$

代入上式,得

$$f_H \approx \frac{1}{2\pi \times 200 \times (60 + 434.8) \times 10^{-12}} = 1.609 \text{ MHz}$$

7 - 7　放大电路如图 P7 - 7 所示,要求下限频率 $f_L = 10$ Hz。若假设 $r_{be} = 2.6$ kΩ,且 C_1、C_2、C_3 对下限频率的贡献是一样的,试分别确定 C_1、C_2、C_3 的值。

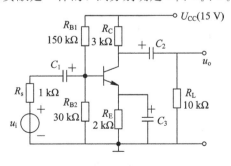

图　P7 - 7

解 根据近似公式和题意，有

$$f_L = \sqrt{f_{L1}^2 + f_{L2}^2 + f_{L3}^2} = \sqrt{3}\,f_{L1}$$

故

$$f_{L1} = f_{L2} = f_{L3} = \frac{f_L}{\sqrt{3}} = \frac{10}{\sqrt{3}} = 5.77\ \text{Hz}$$

又有

$$f_{L1} \approx \frac{1}{2\pi C_1 (R_s + R_{B1}\ /\!/\ R_{B2}\ /\!/\ r_{be})} \quad (\text{仅考虑 } C_1 \text{ 的影响})$$

$$C_1 \approx \frac{1}{2\pi f_{L1}(R_s + r_{be})} = \frac{1}{2\pi \times 5.77 \times (1 + 2.6) \times 10^3} = 7.66\ \mu\text{F}\,(\text{取 } C_1 = 10\ \mu\text{F})$$

$$f_{L2} \approx \frac{1}{2\pi C_2(R_C + R_L)}$$

$$C_2 \approx \frac{1}{2\pi f_{L2}(R_C + R_L)} = \frac{1}{2\pi \times 5.77 \times (3 + 10) \times 10^3} = 2.12\ \mu\text{F}\,(\text{取 } C_2 = 10\ \mu\text{F})$$

$$f_{L3} \approx \frac{1}{2\pi C_3 \left(R_E\ /\!/\ \dfrac{R_s + r_{be}}{1 + \beta}\right)}$$

$$C_3 \approx \frac{1}{2\pi f_{L3}\left(R_E\ /\!/\ \dfrac{R_s + r_{be}}{1 + \beta}\right)} = \frac{1}{2\pi \times 5.77 \times \left(2 \times 10^3\ /\!/\ \dfrac{1 \times 10^3 + 2.6 \times 10^3}{100}\right)}$$

$$\approx \frac{1}{2\pi \times 5.77 \times 36} = 766\ \mu\text{F} \quad (\text{取 } C_3 = 1000\ \mu\text{F})$$

7 - 8　在图 P7 - 7 中，若下列参数变化，对放大器性能有何影响（指工作点 I_{CQ}、A_{uI}、R_i、R_o、f_H、f_L 等）？

(1) R_L 变大；

(2) 负载电容 C_L 变大；

(3) R_E 变大；

(4) C_1 变大。

解　(1) R_L 变大，对工作点无影响，即 I_{CQ}、U_{CEQ} 不变，A_{uI} 变大（因为 $A_{uI} = \dfrac{-\beta(R_C\ /\!/\ R_L)}{r_{be}}$），$R_i$ 不变，R_o 不变，f_H 下降（因为密勒电容 $C_M = (1 + g_m R_L')C_{b'c}$），$f_L$ 将变低（因为由 C_2 引入的下限频率 $f_{L2} = \dfrac{1}{2\pi C_2(R_C + R_L)}$）。

(2) C_L 变大，对 I_{CQ}、R_i、R_o、A_{uI} 均无影响，但会使上限频率 f_{H2} 下降，因为

$$f_{H2} = \frac{1}{2\pi C_L(R_C\ /\!/\ R_L)}$$

(3) R_E 变大，将使工作点 I_{CQ} 下降，因为

$$I_{CQ} \approx I_{EQ} \approx \frac{\dfrac{R_{B2}}{R_{B1} + R_{B2}}U_{CC} - 0.7}{R_E}$$

同样，使输入电阻 R_i 增大，因为 $R_i \approx R_{B1} /\!/ R_{B2} /\!/ r_{be}$，而 r_{be} 将增大 $\left(r_{be}=r_{bb'}+(1+\beta)\dfrac{26\text{ mV}}{I_{CQ}}\right)$，$A_{u1}$ 将下降（因为 r_{be} 增大），R_o 基本不变，f_H 基本不变，f_L 将适当下降。

（4）C_1 变大，I_{CQ}、A_{u1}、R_i、R_o、f_H 基本不变，而 f_{L1} 将下降。

第八章 反　馈

8.1　基本要求及重点、难点

1. 基本要求

（1）了解电路中引入反馈的重要性；理解反馈的基本概念、基本框图和基本方程。

（2）理解负反馈对放大器性能的影响。

（3）掌握负反馈放大器的四种基本类型，对于给定电路能够判断反馈类型。掌握负反馈放大器闭环增益和反馈系数的计算；对于给定电路，能够根据要求正确引入负反馈。

（4）理解反馈放大器的稳定性；了解相位补偿技术。

2. 重点、难点

重点：负反馈放大器电路分析，包括反馈类型的判别、闭环增益和反馈系数的计算、负反馈对放大器性能的影响，对于给定电路能够根据要求正确引入负反馈。

难点：负反馈放大器电路分析，反馈放大器的稳定性和相位补偿技术。

8.2　习题类型分析及例题精解

1. 负反馈对放大器性能的影响

【例 8 - 1】　为了减小输入电阻并使输出电流稳定，应对放大器引入_____反馈；为了减小放大器负载电容 C_L 产生的频率失真，应引入_____反馈；为了抑制零点漂移，应引入_____反馈。

解　减小输入电阻应引入并联反馈，输出电流得到稳定应是电流反馈，所以应对放大器引入并联电流负反馈。

负载电容 C_L 并联在输出节点与地之间，所以为减小 C_L 引起的频率失真，反馈应从输出节点取样。根据"输出短路法"，若 R_L 短路，取样信号必为 0，所以应引入电压负反馈。

为了抑制零点漂移，即稳定直流工作点，应引入直流负反馈。

【例 8 - 2】　在放大器中引入串联电压负反馈，则放大器的电压增益将_____，输入动态范围将_____，输入电阻将_____，输出电阻将_____，频带将_____，非线性失真将_____。

解　根据负反馈对放大器性能的影响可知，答案依次为减小、展宽、增大、减小、展宽、减小。读者可自行思考：若为其他三种反馈方式，该题中各空应如何填。

2. 负反馈放大器闭环增益的确定

【例 8 - 3】　一放大器的电压放大倍数 A_u 在 150～600 之间变化（变化 4 倍），现加入负反馈，其电压反馈系数 $F_u = 0.06$，试问闭环放大倍数的最大值和最小值之比是多少？

解 因为

$$A_f = \frac{A}{1+AF}$$

所以

$$A_{fmin} = \frac{A_{min}}{1+A_{min}F} = \frac{150}{1+150\times0.06} = 15$$

$$A_{fmax} = \frac{A_{max}}{1+A_{max}F} = \frac{600}{1+600\times0.06} \approx 16.2$$

故

$$\frac{A_{fmax}}{A_{fmin}} = \frac{16.2}{15} = 1.08$$

【例 8-4】 某反馈放大器框图如图 8-1 所示，求总增益 $A_f = \dfrac{\dot{X}_o}{\dot{X}_i}$。

解 由图可知：

$$\dot{X}_i' = \dot{X}_i - \dot{X}_{f1} - \dot{X}_{f2}, \quad \dot{X}_o = A_2\dot{X}_{o1}$$

$$\dot{X}_{f1} = F_1\dot{X}_{o1}, \quad \dot{X}_{f2} = F_2\dot{X}_o$$

因为

$$\dot{X}_{o1} = A_1\dot{X}_i' = A_1(\dot{X}_i - F_1\dot{X}_{o1} - F_2A_2\dot{X}_{o1})$$

所以

$$\dot{X}_{o1} = \frac{A_1\dot{X}_i}{1+A_1F_1+A_1A_2F_2}$$

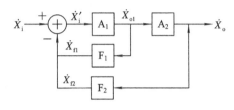

图 8-1 例 8-4 框图

因此

$$A_f = \frac{\dot{X}_o}{\dot{X}_i} = \frac{A_2\dot{X}_{o1}}{\dot{X}_i} = \frac{A_1A_2}{1+A_1F_1+A_1A_2F_2}$$

【例 8-5】 一反馈放大器框图如图 8-2 所示，试求总闭环增益 $A_f = \dot{X}_o/\dot{X}_i$。

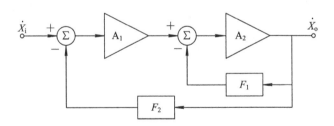

图 8-2 例 8-5 框图

解 图中，A_2 及 F_1 构成一个小闭环，其闭环增益

$$A_f' = \frac{\dot{X}_o}{\dot{X}_{o1}} = \frac{A_2}{1+A_2F_1}$$

该放大倍数又作为大闭环中的开环增益的一部分，对大闭环来说，有

$$A_f = \frac{\dot{X}_o}{\dot{X}_i} = \frac{A_1A_f'}{1+F_2A_1A_f'}$$

3. 反馈类型判断

【例 8-6】 电路如图 8-3 所示，分析图(a)、(c)所示电路中引入了何种反馈，图(b)

中分别从晶体管 C、E 极输出，电路分别引入何种反馈？

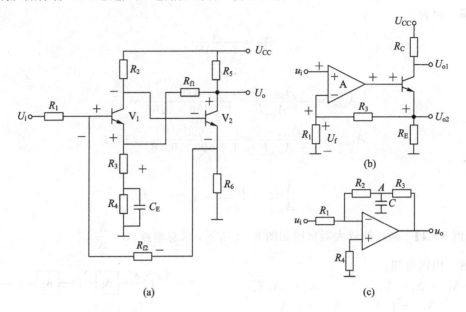

图 8-3　例 8-6 电路图

解　本题是考核根据已知电路找到反馈，并判别反馈类型。

图(a)为两级放大器，第一级中 R_3、R_4 既在输入回路，也在输出回路，所以 R_3、R_4 引入本级反馈。根据图中所示瞬时极性可见，V_1 基极为"+"，射极为"+"，净输入信号 $U_{be} = U_b - U_e$ 减小，R_3、R_4 引入负反馈。输入加在 V_1 基极，反馈通过 R_3、R_4 加在射极，所以是串联反馈。若 V_1 的集电极输出短路接地，则流过 R_3、R_4 的电流并不为 0，即反馈不为 0，所以是电流反馈。R_4 两端并联有旁路电容 C_E，R_4 交流被短路，所以第一级中 R_3、R_4 引入直流负反馈，用于稳定工作点，R_3 引入交流串联电流负反馈，用于改善第一级电路性能。同理，第二级中 R_6 引入本级串联电流负反馈。

图(a)中 R_{f2} 左端在输入回路，右端在第二级的输出回路，可见 R_{f2} 和 R_1 引入级间反馈，输入通过 R_1 加在 V_1 基极，反馈通过 R_{f2} 也加在 V_1 基极，为输入节点电流相加/减，所以是并联反馈。输出若短路接地，V_2 射极电流并不为 0，所以流过 R_{f2} 的电流非 0，反馈存在，因此是电流反馈。V_1 基极为"+"，集电极为"−"，即 V_2 基极为"−"，V_2 射极为"−"，所以流过 R_{f2} 的反馈电流的方向是从 V_1 基极到 V_2 射极，减小了净输入信号，因此 R_{f2} 和 R_1 引入并联电流负反馈。

图(a)中 R_{f1} 和 R_3 也引入级间反馈，输入加在 V_1 基极，反馈通过 R_{f1}、R_3 加在 V_1 射极，是串联反馈。R_{f1} 右端接输出节点，显然是电压反馈。V_1 基极为"+"，V_2 的集电极为"+"，通过 R_{f1} 引到 V_1 射极为"+"，净输入信号 $U_{be} = U_b - U_e$ 减小，所以 R_{f1} 和 R_3 引入串联电压负反馈。

本例中既有直流反馈也有交流反馈，直流反馈用于稳定工作点，交流反馈用于改善电路性能；既有本级反馈也有级间反馈，以级间反馈为主。

图(b)中 R_3、R_1 组成反馈网络，设输入为"+"，运放输出为"+"，晶体管基极为"+"，射极也为"+"，通过 R_3、R_1 反馈到运放反相输入端为"+"，运放净输入信号 $U_i' = U_+ - U_-$

减小，为负反馈。输入加在运放同相端，反馈加在反相端，为串联反馈。若从 U_{o1} 输出，输出在集电极，反馈取自发射极，为电流反馈，用于稳定输出电流，所以从 U_{o1} 输出时，电路引入串联电流负反馈。若从 U_{o2} 输出，输出、反馈均取自发射极，为电压反馈，用于稳定输出电压，所以从 U_{o2} 输出时，电路引入串联电压负反馈。

图(c)中，电容 C 对交流信号短路，A 点交流接地，不存在交流反馈，电路中引入了直流的并联电压负反馈，用于稳定直流工作点。

【**例 8-7**】 电路如图 8-4 所示，判断这些电路各引进了什么类型的反馈。

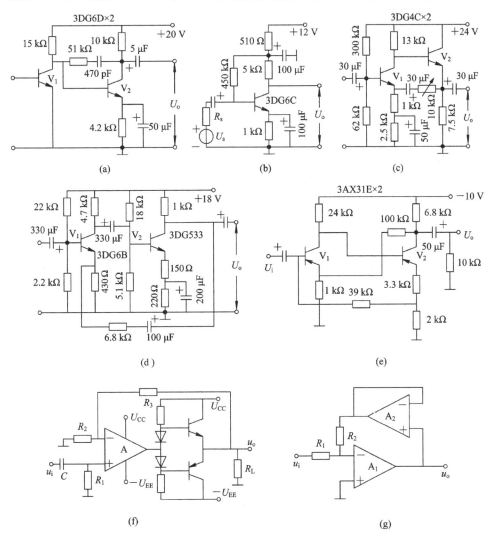

图 8-4 例 8-7 电路图

解 （1）图(a)所示电路第一级无反馈。第二级引入了"并联电压负反馈"。反馈网络包括 51 kΩ、15 kΩ 电阻和 470 pF 电容。对第二级来说，第一级视为第二级的信号源，其输出电阻（15 kΩ）为第二级反馈网络的一部分，如图 8-4′所示。470 pF 电容隔掉直流，而且值也很小，所以第二级仅对交流、高频才引进负反馈。

（2）图(b)所示电路没有引进反馈，图中集电极电路在 510 Ω 和 5 kΩ 电阻之间接

100 μF 电容到地，所以该点相当于交流地电位，所以 450 kΩ 电阻没有引入交流反馈，仅起到直流偏置作用。图中 510 Ω 电阻与 100 μF 电容构成"去耦电路"，让交流信号在本级构成回路，以避免由于交流电流流过公共电源内阻而引起的寄生正反馈。

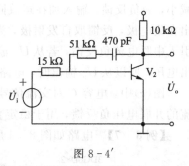

图 8-4′

（3）图(c)所示电路第一级引入了局部串联电流负反馈，其中，1 kΩ 和 2.5 kΩ 电阻引入直流负反馈，1 kΩ 电阻同时引入交流负反馈。第二级为射随器，7.5 kΩ 电阻引入第二级局部串联电压负反馈。两级间由 1 kΩ 电阻、10 kΩ 可变电阻和 30 μF 电容引入了交流串联电压正反馈。

（4）图(d)所示电路第一级由 430 Ω 电阻引入串联电流负反馈。第二级也引入了串联电流负反馈，其中，150 Ω 和 220 Ω 电阻引入直流负反馈，150 Ω 电阻同时引入交流负反馈。两级间由 430 Ω、6.8 kΩ 电阻和 100 μF 电容引入交流串联电压负反馈。

（5）图(e)所示电路各级均引入了局部的串联电流负反馈。两级间 100 kΩ 电阻和 1 kΩ 电阻引入了串联电压负反馈。而 V_2 射极连接的 3.3 kΩ、2 kΩ 及 39 kΩ 电阻并没有引入交流并联电流负反馈，因为信号源内阻 $R_s=0$，有无 39 kΩ 电阻，V_1 基极对地交流电压都为 $\dot{U}_i$。但 39 kΩ 电阻引入了直流负反馈，对稳定工作点有好处。

（6）图(f)所示电路中，信号从运放同相端输入，反馈信号加到反相端，所以 R_2、R_3 引进了串联电压负反馈。

（7）图(g)所示电路中，A_2 接成跟随器，信号从反相端输入，反馈也加到反相端，故引入了并联电压负反馈。

4. 负反馈放大器的分析与计算

【例 8-8】 电路如图 8-5 所示，试指出电路的反馈类型，并分别计算开环增益 A_u、反馈系数 F_u 及闭环增益 A_{uf}（已知 g_m、β、r_{be} 等，且 $R_f \gg R_s$，$R_f \gg R_L$）。

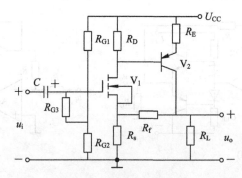

图 8-5 例 8-8 电路图

解 （1）该电路引入了两级间的串联电压负反馈，反馈网络为 R_f、R_s。

因为 $R_f \gg R_s$、$R_f \gg R_L$，所以开环放大器电路如图 8-5′ 所示。

由图可见

$$A_u = \frac{\dot{U}_{o1}}{\dot{U}_i} \times \frac{\dot{U}_o}{\dot{U}_{o1}} = A_{u1} \times A_{u2}$$

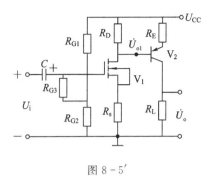

图 8-5′

其中

$$A_{u1} = \frac{\dot{U}_{o1}}{\dot{U}_i} = \frac{g_m(R_D \,/\!/\, R_{i2})}{1 + g_m R_s}$$

$$A_{u2} = \frac{\dot{U}_o}{\dot{U}_{o1}} = -\frac{\beta R_L}{r_{be2} + (1+\beta)R_E}$$

式中，$R_{i2} = r_{be2} + (1+\beta)R_E$。

（2）反馈系数 F_u，由图 8-5 可见，反馈网络为 R_f、R_s，故

$$F_u = \frac{\dot{U}_f}{\dot{U}_o} = \frac{R_s}{R_s + R_f}$$

（3）
$$\dot{U}_i \approx \dot{U}_f = F_u \dot{U}_o = \frac{R_s}{R_s + R_f}\dot{U}_o$$

故深反馈条件下，闭环增益 A_{uf} 为

$$A_{uf} = \frac{\dot{U}_o}{\dot{U}_i} = 1 + \frac{R_f}{R_s}$$

【例 8-9】 电路如图 8-6 所示，试指出电路的反馈类型，并计算开环增益 A_u 和闭环增益 A_{uf}（已知 β、r_{be} 等参数）。

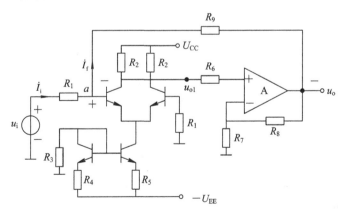

图 8-6　例 8-9 电路图

解 （1）该电路第一级为带恒流源的差分放大器，单端输入，单端输出；第二级为同相比例放大器，引入了单级串联电压负反馈。两级之间通过 R_9 和 R_1 构成了并联电压负反馈（瞬时相位示于图 8-6 中）。

(2) 求开环增益(设 $R_9 \gg R_1$)：

$$A_u = \frac{\dot{U}_o}{\dot{U}_i} = \frac{\dot{U}_{o1}}{\dot{U}_i} \cdot \frac{\dot{U}_o}{\dot{U}_{o1}} = A_{u1} \times A_{u2}$$

其中

$$A_{u1} = \frac{\dot{U}_{o1}}{\dot{U}_i} = -\frac{1}{2} \frac{\beta R_2}{R_1 + r_{be}} \quad (\text{第二级输入电阻为无穷大})$$

$$A_{u2} = 1 + \frac{R_8}{R_7}$$

(3) 求闭环增益(引入负反馈的增益)。

因为深反馈条件下有：

$$\dot{I}_i \approx \dot{I}_f, \qquad \dot{I}_i = \frac{\dot{U}_i - \dot{U}_a}{R_1} \approx \frac{\dot{U}_i}{R_1}$$

$$\dot{I}_f = \frac{\dot{U}_a - \dot{U}_o}{R_9} \approx -\frac{\dot{U}_o}{R_9}$$

所以

$$A_{uf} = \frac{\dot{U}_o}{\dot{U}_i} = -\frac{R_9}{R_1}$$

5. 在电路中正确引入负反馈以改善放大器性能

【例 8 - 10】 电路如图 8 - 7 所示。

(1) 要求输入电阻增大，试正确引入负反馈；

(2) 要求输出电流稳定，试正确引入负反馈；

(3) 要求改善由负载电容 C_L 引起的幅频失真和相频失真，试正确引入负反馈。

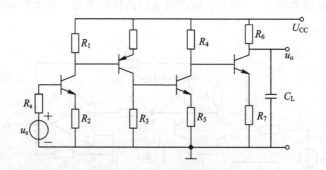

图 8 - 7　例 8 - 10 电路图

解　(1) 要求输入电阻增大，必须要引入串联负反馈，如图 8 - 7′(a)所示。图中指示出各点交流信号的瞬时极性。

(2) 要求输出电流稳定，必须要引入电流负反馈，如图 8 - 7′(b)所示。图中指示出各点交流信号的瞬时极性，可见是负反馈。

(3) 为改善负载电容 C_L 引起的频率失真，必须要引入电压负反馈，反馈电路同图 8 - 7′(a)。

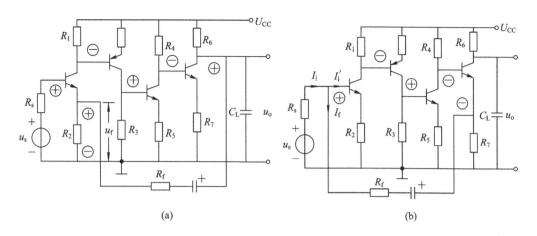

(a)   (b)

图 8-7'

【例 8-11】 放大电路如图 8-8(a)所示。若要求输出电压稳定，输入阻抗增大，应引入何种类型的反馈？在图中正确连线，以实现所要求的反馈放大器电路，并写出深反馈条件下的闭环放大倍数 A_{uf}。若需要引入串联电流负反馈，应如何连接？

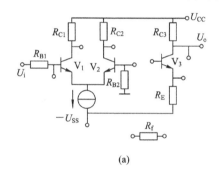

(a)

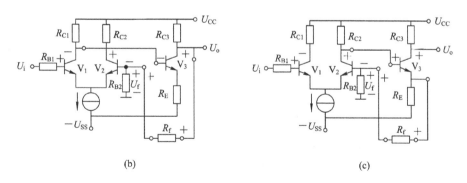

(b)   (c)

图 8-8 例 8-11 电路图

解 本题考核根据要求对已知电路引入反馈，连接电路，并计算。

要求稳定输出电压，应采用电压反馈，故反馈取自输出节点，即 V_3 管集电极。输入阻抗增大，应为串联反馈，故反馈信号应加到 V_2 基极。应用"瞬时极性法"，设 V_1 基极为"＋"，则 V_1 管集电极为"－"，V_2 基极为"－"，V_2 管集电极为"＋"，若为负反馈，通过 R_f 引到 V_2 基极的反馈信号极性应为"＋"，所以 V_3 管的集电极应为"＋"，V_3 基极为"－"，所

以 V_3 基极应接 V_1 管的集电极,电路参见图(b)。

由图(b)可见,反馈网络由 R_f 和 V_2 基极偏置电阻 R_{B2} 构成,反馈电压为 R_{B2} 两端电压,根据深反馈条件可知净输入信号 $\dot{U}_i' = 2\dot{U}_{be} = \dot{U}_i - \dot{U}_f \approx 0$,所以 $\dot{U}_i \approx \dot{U}_f$。

又因为

$$\dot{U}_f = F\dot{U}_o \approx \frac{R_{B2}}{R_{B2}+R_f}\dot{U}_o$$

所以

$$A_{uf} = \frac{\dot{U}_o}{\dot{U}_i} \approx \frac{\dot{U}_o}{\dot{U}_f} = \frac{1}{F} \approx \frac{R_{B2}+R_f}{R_{B2}}$$

若电路需要引入串联电流负反馈,则取样点应在 V_3 射极,反馈信号依然加在 V_2 基极,根据瞬时极性可知,若 V_3 基极连接 V_1 的集电极则为正反馈,故 V_3 基极应接 V_2 的集电极,电路参见图(c)。

读者可自行思考:若希望采用其他两种反馈方式,电路应如何连接。

6. 负反馈放大器稳定性判断

【例 8 - 12】 已知运放开环电压增益对数幅频特性如图 8 - 9(b)所示,用此运放构成放大电路如图(a)所示。若图中反馈系数 F 分别取 0.001、0.01、0.1,求图中反馈电阻 R_f 的值,并用波特图法判断电路是否稳定工作。若不稳定,画出采用电容补偿后能稳定工作的开环波特图。

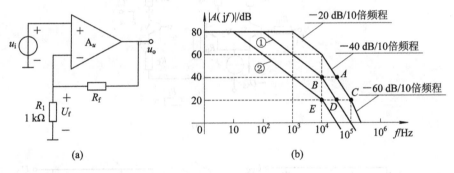

图 8 - 9 例 8 - 12 电路图及幅频特性

解 本题考核能否根据开环电压增益幅频特性得出相频特性,再根据相位裕度判断电路能否稳定工作,理解负反馈越深电路越不稳定,即反馈越深越容易自激。

由图(b)可知,该运放开环增益响应有三个极点,分别为 1 kHz、10 kHz、100 kHz,中频增益为 80 dB,开环幅频表达式为

$$A(jf) = \frac{A_I}{\left(1+j\dfrac{f}{f_1}\right)\left(1+j\dfrac{f}{f_2}\right)\left(1+j\dfrac{f}{f_3}\right)}$$

$$= \frac{10^4}{\left(1+j\dfrac{f}{1\ kHz}\right)\left(1+j\dfrac{f}{10\ kHz}\right)\left(1+j\dfrac{f}{100\ kHz}\right)}$$

$F = 0.001$ 时,由 $F = \dfrac{\dot{U}_f}{\dot{U}_o} = \dfrac{R_1}{R_1+R_f} = \dfrac{1}{1+R_f} = 0.001$,得 $R_f = 999\ k\Omega$,$A_{uf} = \dfrac{R_1+R_f}{R_1} = \dfrac{1}{F} = 10^3$,即图中沿 60 dB 作水平线,与开环特性交于 10 kHz 所对应的点,也就是第二个

极点，其相移为 135°，可以稳定工作，可见 $F<0.001$，或 $A_{uf}>10^3$ 时，电路工作于该水平线以上，相移小于 135°，都属于稳定工作区。

$F=0.01$，$R_f=99$ kΩ，$A_{uf}=100$，即图中沿 40 dB 作水平线，与开环特性交于 A 点，由上述分析可知，其相移大于 135°，相位裕度小于 45°，不能稳定工作。若通过引入电容滞后补偿减小第一极点频率，第二、三极点不变，相应开环幅频特性如图中折线①所示，与 40 dB 水平线交于 B 点，其相移为 135°，该水平线以上，相移均小于 135°，属于稳定工作区。

$F=0.1$，$R_f=9$ kΩ，$A_{uf}=10$，即图中沿 20 dB 作水平线，分别与原开环特性和折线① 交于 C、D 点，同理可知，这两点相移均大于 135°，不能稳定工作。引入电容滞后补偿，相应开环幅频特性如图中折线②所示，与 20 dB 水平线交于 E 点，相移为 135°，该水平线以上，相移小于 135°，属于稳定工作区。

8.3 练习题及解答

8-1 如果要求开环放大倍数 A 变化 25% 时，闭环放大倍数的变化不超过 1%；又要求闭环放大倍数 $A_f=100$，试问开环放大倍数 A 应选多大？这时反馈系数 F 又应该选多大？

解 因为

$$\frac{\mathrm{d}A_f}{A_f}=\frac{1}{1+AF}\frac{\mathrm{d}A}{A}$$

所以

$$1+AF=\frac{\mathrm{d}A/A}{\mathrm{d}A_f/A_f}=25,\ AF=24$$

又因为

$$A_f=\frac{A}{1+AF}=100$$

所以

$$A=2500,\ F=\frac{24}{A}=\frac{24}{2500}=0.96\%$$

8-2 设集成运算放大器的开环幅频特性如图 P8-1(a)所示。

(1) 求开环低频增益 A_u、开环上限频率 f_H 和增益频带积 $A_u \cdot f_H$；

(2) 如图 P8-1(b)所示，在该放大器中引入串联电压负反馈，试求反馈系数 F_u、闭环低频增益 A_{uf} 和闭环上限频率 f_{Hf}，并画出闭环频率特性波特图。

解 (1) 开环低频增益 $A_u=80$ dB(10 000 倍)，$f_H=100$ Hz，增益频带积 $A_u \cdot f_H=10\ 000\times100=10^6$ Hz。

(2) 引入串联电压负反馈后的反馈系数 F_u 为

$$F_u=\frac{\dot{U}_f}{\dot{U}_o}=\frac{1}{99+1}=0.01$$

闭环低频增益为

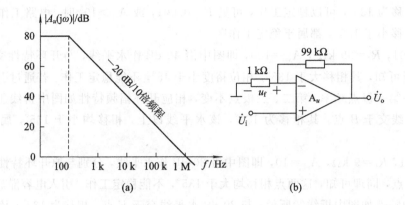

图 P8-1

$$A_{uf} = \frac{A_u}{1 + FA_u} \approx \frac{1}{F} = 100 \quad (\text{即 } 40 \text{ dB})$$

故闭环上限频率 $f_{Hf} = 10$ kHz，其闭环波特图如图 P8-1′所示。

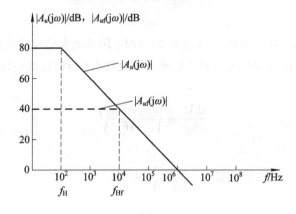

图 P8-1′

8-3 一个无反馈放大器，当输入电压等于 0.028 V，并允许有 7% 的二次谐波失真时，基波输出为 36 V，试问：

(1) 若接入 1.2% 的负反馈，并保持此时的输入不变，则输出基波电压应等于多少？

(2) 如果保证基波输出仍然为 36 V，但要求二次谐波失真下降到 1%，则此时输入电压应等于多少？

解 (1) 因为 $u_i = 0.028$ V，$u_o = 36$ V，所以

$$A_u = \frac{36}{0.028} = 1285.7$$

$$A_{uf} = \frac{A_u}{1 + A_u F} = \frac{1285.7}{1 + 1285.7 \times 0.012}$$

$$\approx \frac{1285.7}{16.4} = 78.4$$

所以，加 1.2% 的负反馈后，在输入不变的情况下，输出基波电压为

$$u_o = A_{uf} \cdot u_i = 78.4 \times 0.028 = 2.2 \text{ V}$$

(2) 若保持基波输出电压仍为 36 V，要求二次谐波失真下降到 1%，则输入电压应增

大。因为

$$1 + A_u F = \frac{7\%}{1\%} = 7$$

所以 $u_i = (1 + A_u F) \times u_i' = 7 \times 0.028 = 0.196$ V，即引入负反馈后，若保持输出不变，则输入信号必须增大。

8-4 某放大器的放大倍数 $A(\mathrm{j}\omega)$ 为

$$A(\mathrm{j}\omega) = \frac{1000}{1 + \mathrm{j}\omega/10^6}$$

若引入 $F = 0.01$ 的负反馈，试求：闭环低频放大倍数 A_{If} 和闭环上限频率 f_{Hf}。

解
$$A_1 = 1000 \quad (60 \text{ dB})$$

$$f_H = \frac{\omega_H}{2\pi} = \frac{10^6}{2\pi} = 159.2 \text{ kHz}$$

$$A_{If} = \frac{A_1}{1 + FA_1} = \frac{1000}{1 + 0.01 \times 1000} = 90.9$$

$$f_{Hf} = (1 + FA_1)f_H = 11 \times 159.2 \times 10^3 = 1.7512 \text{ MHz}$$

8-5 某雷达视频放大器输入级电路如图 P8-2 所示，试问：

(1) 该电路引入何种类型的反馈？反馈网络包括哪些元件？

(2) 深反馈条件下，闭环放大倍数 A_{uf} 是多少？

(3) 电容 C_3(75 pF)的作用是什么？若将 C_3 换成 4700 pF $/\!/$ 10 μF，对放大器的反馈有何影响？

(4) 稳压管 V_Z 的作用是什么？

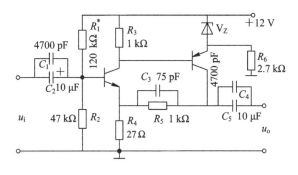

图 P8-2

解 (1) 该电路引入了"串联电压负反馈"(更确切地说为复反馈)，反馈网络包括 R_5、R_4、C_3。

(2) 深反馈条件下

$$\dot{U}_i \approx \dot{U}_f = \frac{R_4}{R_4 + R_5}\dot{U}_o$$

故中、低频闭环增益 A_{uf} 为

$$A_{uf} = \frac{\dot{U}_o}{\dot{U}_i} \approx \frac{R_4 + R_5}{R_4} = 1 + \frac{R_5}{R_4} = \left(1 + \frac{1000}{27}\right) \approx 38$$

(3) 引入 C_3(75 pF)是为了加强高频区负反馈，从而压低高频特性，引入导前相位，以换取反馈放大器的稳定，减小高频干扰及噪声等。若 C_3 改为 4700 pF $/\!/$ 10 μF，那么中频与

高频放大倍数变低为1(100％的交流反馈)，而低频放大倍数可能获得提升。

（4）稳压管 V_z 的作用是配置合适的工作点，并减少第二级本身的串联电流负反馈，增大总的开环增益(因为稳压管的动态内阻很小)。

8-6　集成运放应用电路如图 P8-3 所示，请判别电路各引入何种反馈。

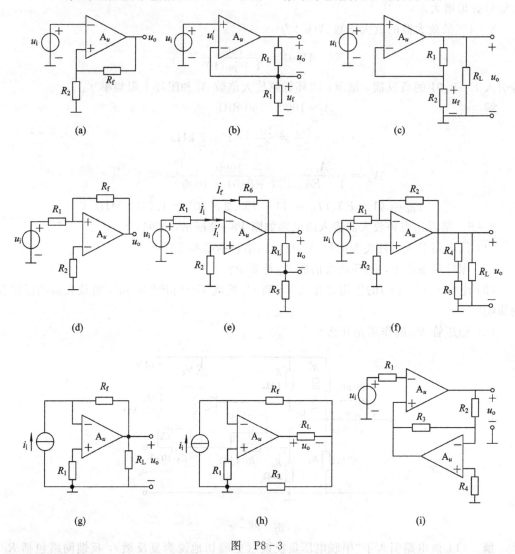

图　P8-3

解　图(a)电路引入了串联电压正反馈；图(b)电路引入了串联电流负反馈；图(c)电路引入了串联电压负反馈；图(d)电路引入了并联电压正反馈；图(e)电路引入了并联电流负反馈；图(f)电路引入了并联电压负反馈；图(g)电路引入了并联电压负反馈；图(h)电路引入了并联电流负反馈；图(i)电路引入了串联电压负反馈。

8-7　集成运放应用电路如图 P8-4 所示。

（1）为保证(a)、(b)电路为负反馈放大器，请分别指出运放的两个输入端①、②哪个是同相输入端，哪个是反相输入端；

（2）若分别从 U_{o1} 和 U_{o2} 输出，请分别判断电路各引入何种反馈。

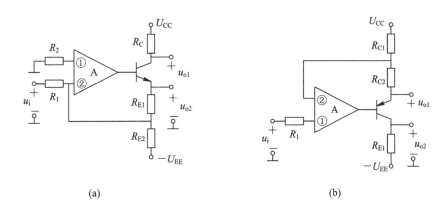

(a)   (b)

图　P8-4

解　(1) 同相输入端和反相输入端标注见图 P8-4′。

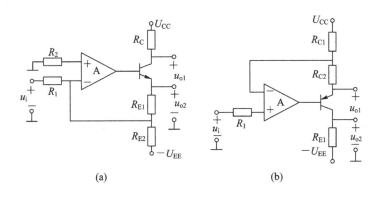

(a)   (b)

图　P8-4′

(2) 图(a)中，从 u_{o1} 输出为并联电流负反馈；从 u_{o2} 输出为并联电压负反馈。

图(b)中，从 u_{o1} 输出为串联电压负反馈；从 u_{o2} 输出为串联电流负反馈。

8-8　如图 P8-5(a)、(b)所示，问：

(1) 两个电路哪个输入电阻高？哪个输出电阻高？

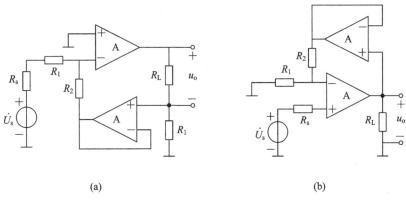

(a)   (b)

图　P8-5

(2) 当信号源内阻 R_s 变化时，哪个输出电压稳定性好？

(3) 当负载电阻 R_L 变化时，哪个输出电压稳定？哪个输出电流稳定？

解 （1）图(a)引入并联电流负反馈，图(b)引入串联电压负反馈。图(b)输入电阻高，图(a)输出电阻高。

（2）当信号源内阻 R_s 变化时，图(b)输出电压稳定性好。

（3）当负载电阻 R_L 变化时，图(b)输出电压稳定，图(a)输出电流稳定。

8-9 电路如图 P8-6 所示，试回答：

（1）集成运算放大器 A_1 和 A_2 各引入了什么反馈？

（2）求闭环增益 $A_{uf} = \dot{U}_o / \dot{U}_i$。

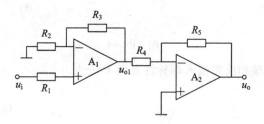

图 P8-6

解 （1）运放 A_1 引入了串联电压负反馈；运放 A_2 引入了并联电压负反馈。

（2）闭环增益 A_{uf} 为

$$A_{uf} = \frac{\dot{U}_o}{\dot{U}_i} = \frac{\dot{U}_{o1}}{\dot{U}_i} \times \frac{\dot{U}_o}{\dot{U}_{o1}} = \left(1 + \frac{R_3}{R_2}\right) \times \left(-\frac{R_5}{R_4}\right) = -\frac{R_5}{R_4}\left(1 + \frac{R_3}{R_2}\right)$$

8-10 反馈放大器电路如图 P8-7 所示，试回答：

（1）判断该电路引入了何种反馈？反馈网络包括哪些元件？工作点的稳定主要依靠哪些反馈？

（2）该电路的输入、输出电阻如何变化，是增大了还是减小了？

（3）在深反馈条件下，交流电压增益 A_{uf} 是多少？

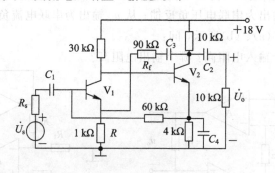

图 P8-7

解 （1）90 kΩ 电阻和 1 kΩ 电阻构成两级之间的交流串联电压负反馈。4 kΩ、60 kΩ 以及 V_1 构成两级之间的直流并联电流负反馈，以保证直流工作点更加稳定。

（2）该电路输入阻抗增大，输出阻抗减小。

（3）在深反馈条件下：

$$A_{uf} = \frac{1}{F} = \frac{1 \times 10^3 + 90 \times 10^3}{1 \times 10^3} = 91$$

8-11 电路如图 P8-8 所示，判断电路引入了何种反馈？计算在深反馈条件下的电压放大倍数 $A_{uf} = U_o/U_i$。

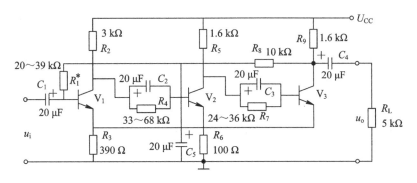

图 P8-8

解 该电路第三级发射极与第一级发射极相连，第三级发射极电流流过 R_3 构成三级间的串联电流负反馈。另外一路，R_8、C_5、R_1 构成直流并联电压负反馈，以稳定工作点。

$$A_{uf} = \frac{U_o}{U_i} \approx \frac{-I_{C3}(R_9 /\!/ R_L /\!/ R_8)}{U_f}$$

$$= \frac{-I_{C3}(R_9 /\!/ R_L /\!/ R_8)}{I_{C3} \cdot R_3} \approx -\frac{R_9 /\!/ R_L /\!/ R_8}{R_3}$$

$$= \frac{-1.6 \times 10^3 /\!/ 5 \times 10^3 /\!/ 10 \times 10^3}{390}$$

$$= -2.77$$

8-12 电路如图 P8-9(a)、(b)所示，试问：

(1) 图(a)、(b)所示电路各引入了什么类型的反馈？

(2) 图(a)、(b)所示电路各稳定了什么增益？

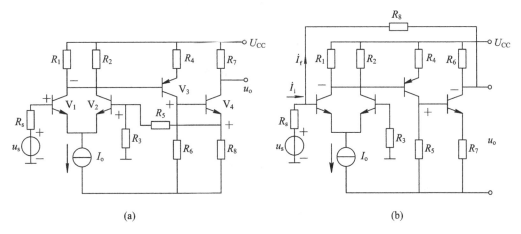

(a)   (b)

图 P8-9

(3) 图(a)、(b)电路中引入反馈后对输入电阻和输出电阻各有什么影响？

(4) 估算深反馈条件下的闭环电压增益 A_{ufa} 和 A_{ufb}。

解 （1）图（a）所示电路引入了串联电流负反馈，图（b）所示电路引入了并联电压负反馈。

（2）图（a）所示电路稳定了互导增益，图（b）所示电路稳定了互阻增益。

（3）图（a）所示电路输入电阻增大，输出电阻略有增大，近似不变，输出级管子一路的等效输出电阻也增大，但总的输出电阻仍近似由 R_7 决定。图（b）所示电路的输入电阻减小，输出电阻也减小。

（4）图（a）电路在深反馈条件下，对于串联反馈 $\dot{U}_i \approx \dot{U}_f$，所以闭环增益 A_{ufa} 为

$$A_{ufa} = \frac{\dot{U}_o}{\dot{U}_i} \approx -\frac{I_{C4} R_7}{I_{E4} \dfrac{R_8}{R_8 + R_5 + R_3} \times R_3} = -\frac{R_8 + R_5 + R_3}{R_3} \times \frac{R_7}{R_8}$$

图（b）电路在深反馈条件下，由于引进的是并联负反馈，有

$$\dot{I}_i = I_f + \dot{I}_i' \approx I_f$$

其中

$$I_i = \frac{\dot{U}_s - \dot{U}_i'}{R_s} \approx \frac{\dot{U}_s}{R_s}$$

$$I_f = \frac{\dot{U}_i' - \dot{U}_o}{R_8} \approx -\frac{\dot{U}_o}{R_8}$$

所以

$$A_{ufb} = \frac{\dot{U}_o}{\dot{U}_s} = -\frac{R_8}{R_s}$$

8 - 13 某放大器的开环幅频响应如图 P8 - 10 所示。

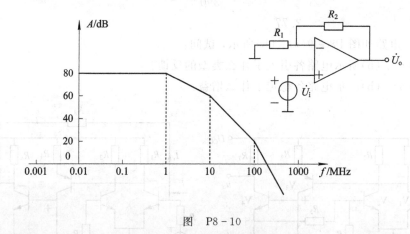

图 P8 - 10

（1）当施加 $F = 0.001$ 的负反馈时，此反馈放大器能否稳定工作？相位裕度等于多少？

（2）若要求闭环增益为 40 dB，为保证相位裕度大于等于 45°，试画出密勒电容补偿后的开环幅频特性曲线；

（3）求补偿后的开环带宽 BW 和闭环带宽 BW_f。

解 （1）$F = 0.001$，$A_f = \dfrac{1}{F} = 1000$（60 dB），如图 P8 - 10′ 所示，此时有 45° 相位裕度。

（2）要求 $A_f = 40$ dB（100），仍有 45° 的相位裕度，则开环特性要校正为图 P8 - 10′ 中曲线 ① 所示。

（3）补偿后的开环带宽 BW＝0.1 MHz，闭环带宽 BW_f＝10 MHz。

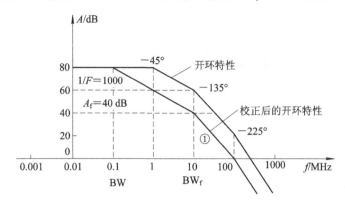

图　P8－10$'$

8－14　已知反馈放大器的环路增益为

$$A_u(\mathrm{j}\omega)F = \frac{40F}{\left(1+\mathrm{j}\dfrac{\omega}{10^6}\right)^3}$$

（1）若 $F＝0.1$，该放大器会不会自激？

（2）该放大器不自激所允许的最大 F 为何值？

解　（1）由题可知，开环放大倍数

$$A_u(\mathrm{j}\omega) = \frac{40}{\left(1+\mathrm{j}\dfrac{\omega}{10^6}\right)^3}$$

它是一个具有三个重极点的放大器，如果每级附加移相为$-60°$，则三级共移相$-180°$，那么加反馈后会产生自激。因为每级相移为$-60°$，那么有

$$-\arctan\frac{\omega}{10^6} = -60°$$

由此可导出所对应的频率为

$$\omega\,|_{-60°} = \sqrt{3}\times10^6 \text{ rad/s}$$

则此频率下的增益为

$$|A_u(\mathrm{j}\sqrt{3}\times10^6)| = \frac{40}{\left(\sqrt{1+(\sqrt{3})^2}\right)^3} = 5$$

然后再看是否满足振荡条件（即附加相移 $\Delta\varphi＝-180°$时，$|A_u\cdot F|$是否大于等于1）。

$$|A_u(\mathrm{j}\omega)|\,|_{\omega=\sqrt{3}\times10^6}\times F = 5\times0.1 = 0.5 < 1$$

可见，该放大器引入 $F＝0.1$ 的负反馈后不会产生自激振荡。

（2）由

$$|A_u(\mathrm{j}\omega)|\times F_{\max} = 1$$

可得

$$F_{\max} = \frac{1}{|A_u(\mathrm{j}\omega)|} = \frac{1}{5} = 0.2$$

第九章 特殊用途的集成运算放大器及其应用

9.1 基本要求及重点、难点

1. 基本要求

（1）了解高速电流反馈型集成运算放大器及高速电压型反馈集成运算放大器的特点及应用。

（2）了解集成仪表放大器及增益可控集成运算放大器特点和影响。

（3）了解常用特殊集成运算放大器型号并设计相关电路。

2. 重点、难点

重点：特殊用途集成运算放大器电路的分析、计算和设计。

难点：特殊用途集成运算放大器电路的非理想特性对实际应用的影响。

9.2 习题类型分析及例题精解

本章习题类型主要为设计题。了解高速集成运算放大器、集成仪表放大器及增益可控集成运算放大器，并设计相关电路。

【例 9‐1】 查找高速集成运算放大器 AD818 相关资料，介绍并使用其设计一个 $A=2$ 的放大器电路。

解 AD818 是一款低成本视频运算放大器，其电路如图 9‐1 所示，专门针对要求增

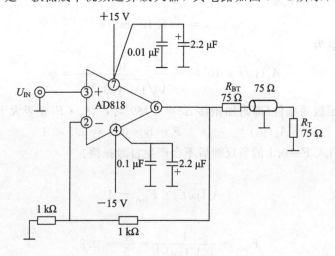

图 9‐1 例 9‐1 电路图

益不小于＋2或－1的视频应用进行了优化。它具有低差分增益和相位误差、单电源供电能力、低功耗以及高输出驱动特性，非常适合电缆驱动应用，如摄像机和专业视频设备等。

AD818的0.1 dB增益平坦度为55 MHz，差分增益和相位误差分别为0.01％和0.05°，输出电流为50 mA，因此AD818很适合应用于视频信号放大。该放大器的3 dB带宽为130 MHz(G＝＋2)，压摆率为500 V／μs，适合许多高速应用，包括视频监控器、有线电视、彩色复印机、图像扫描仪和传真机等。

【例9－2】 查找集成仪表放大器AD620相关资料，介绍并使用其设计一个采用5 V单电源供电的压力监测仪电路。

解 AD620是一款低成本、高精度仪表放大器，仅需要一个外部电阻来设置增益，增益范围为1~10 000，其电路如图9－2所示。此外，AD620采用8引脚SOIC和DIP封装，尺寸小于分立电路设计，并且功耗更低(最大工作电流仅1.3 mA)，因而非常适合电池供电及便携式(或远程)应用。

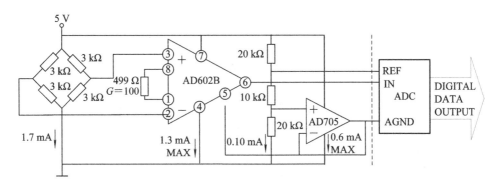

图9－2 例9－2电路图

AD620具有高精度(最大非线性度40 ppm)、低失调电压(最大50 μV)和低失调漂移(最大0.6 pV/C)特性，是电子秤和传感器接口等精密数据采集系统的理想之选。此外，AD620还具有低噪声、低输入偏置电流和低功耗特性，非常适合ECG和无创血压监测仪等医疗应用。

【例9－3】 查找增益可控集成运算放大器AD8367相关资料，介绍并使用其设计一个自动增益控制环路电路。

解 AD8367是一款高性能可变增益放大器，设计用于最高500 MHz的中频频率下工作，其电路如图9－3所示。从外部施加0~1 V的模拟增益控制电压，可调整45 dB增益控制范围，以提供20 mV/dB输出。精确的线性dB增益控制通过ADI公司的专有X－AMP™架构实现，该架构含有一个可变衰减器网络，由高斯插值器提供输入，从而实现精确的线性增益调整。此外，AD8367集成一个平方律检测器，可用作AGC解决方案，并提供检测到的接收信号强度指示(RSSI)输出电压。

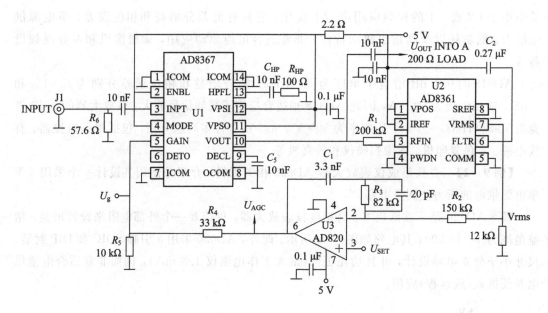

图 9-3 例 9-3 电路图

9.3 练习题及解答

9-1 电流反馈型高速运放和电压反馈型高速运放各有什么优缺点?

解 电流反馈型高速运放的优点是具有高速、宽带特性,增益带宽积随着增益增大而有所提高。缺点是共模抑制比比较低,反向输入端吸取的电流较大。

电压反馈型高速运放的优点是引入了内部补偿,使电路工作稳定。缺点是增益带宽积几乎为常数,增加带宽会牺牲增益。

9-2 请用 AD811 设计一个脉冲放大器(脉宽为 20 ns,周期为 100 kHz),要求增益大于 3 倍。

解 AD811 是一款宽带电流反馈型运算放大器,具有较大的带宽。

本题采用 AD811 构成一个同相比例放大器,采用 ±15 V 供电,完成脉冲信号的放大,如图 P9-1 所示。设定放大倍数 $G = 10 > 3$,输入阻抗 $R_T = 50\ \Omega$,根据数据手册,取

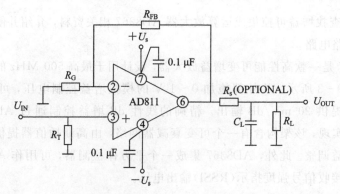

图 P9-1 AD811 构成的放大器电路图

$R_{FB} = 511\ \Omega$，$R_G = 56.2\ \Omega$，对应 $BW_{-3\,dB} = 100\ MHz$。

9-3　请用 INA128 设计一个增益可调的放大器，要求增益分别为 1、10、100、1000、10 000 倍。

解　INA128 为具备出色精度的低功耗通用仪表放大器。该器件采用多功能三级运算放大器设计，尺寸小巧，适用于各种应用。即使在高增益($G=100@200\ kHz$)情况下，电流反馈输入电路也可提供宽带宽，电路图如图 P9-2 所示。

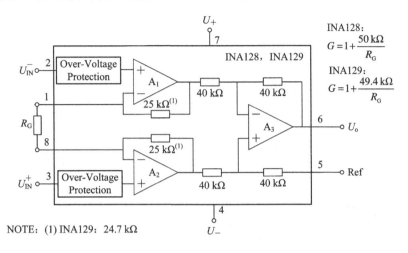

NOTE: (1) INA129: 24.7 kΩ

图 P9-2　INA128 构成的增益可调的放大器图

当 R_G 不连接时，$G=1$；

当 $R_G = 5.556\ k\Omega$ 时，$G=10$；

当 $R_G = 505.1\ \Omega$ 时，$G=100$；

当 $R_G = 50.05\ \Omega$ 时，$G=1000$；

当 $R_G = 5.001\ \Omega$ 时，$G=10\ 000$。

9-4　利用 ADI 公司或 TI 公司网站的数据表，查询一个电压控制增益可变放大器，并写一个中文文档介绍该器件的主要性能。

解　本题以 ADI 公司生产的 AD8368 电压控制增益可变放大器为例介绍。

AD8368 是一款内置模拟线性 dB 增益控制功能的可变增益放大器(VGA)，可以在低频至 800 MHz 频率范围内工作。由于采用 ADI 公司的 X-AMP°架构，这种创新技术可实现高性能可变增益控制，因此该器件具有出色的增益范围、一致性和平坦度。

增益范围－12 dB～＋22 dB，可以按照 37.5 dB/V 精确调整，一致性误差极小。AD8368 的 3 dB 带宽标称值为 800 MHz，与增益设置无关。在 140 MHz、最大增益时，OIP3 为 33 dBm。输出本底噪声为－143 dBm/Hz，最大增益时相应的噪声系数为 9.5 dB。单端输入和输出阻抗标称值为 50 Ω。

通过将引脚 MODE 拉至正电源电压或地电压，AD8368 的增益可分别设定为增益控制电压的增函数或减函数。当引脚 MODE 被拉至高电平时，AD8368 将作为增益增加的典型VGA 工作。将引脚 MODE 接地并使用片上均方根检波器，AD8368 可以配置为具有 RSSI 的完整自动增益控制(AGC)系统。输出功率与内部默认设置电平 63 mV 均方根值（－11 dBm 以 50 Ω），由于在 DETI 上可以获得非专用检波器输入，因此在最大 34 dB 输入功率范围内，AGC 环路可以决定 AD8368 输出或信号链任何点的电平。此外，将输出信号作用于检波器之前，通过减小输出信号可以提高设置电平。

AD8368 采用 4.5 V～5.5 V 电源供电，功耗为 60 mA。将引脚 ENBL 接地即可进入完全省电状态，此时功耗小于 3 mA。AD8368 采用 ADI 公司的专有 SiGe SOI 互补双极性 IC 工艺制造，采用 24 引脚 LFCSP 封装，工作温度范围为 -40℃～+85℃。

AD8368 构成的电压控制增益可变放大器电路如图 P9-3 所示。

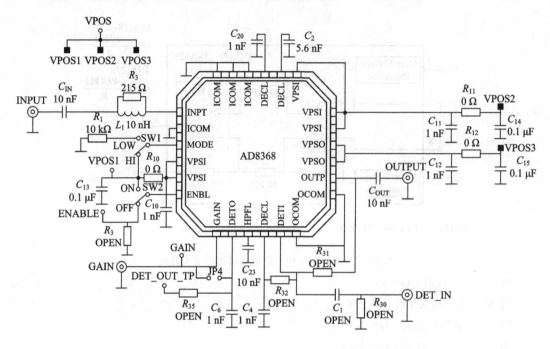

图 P9-3 AD8368 构成的电压控制增益可变放大器电路图

根据数据手册，产品具有如下特性：

模拟可变增益范围：-12 dB～+22 dB；

线性 dB 调整比例：37.5 dB/V；

3 dB 带宽：800 MHz(V_{GAIN}=0.5 V)；

集成均方根检波器；

P1dB：16dBm(140 MHz)；

输出 IP3：33dBm(140 MHz)；

最大增益时的噪声系数：9.5 dB(140 MHz)；

输入和输出阻抗：50Q；

单电源供电：4.5 V～5.5 V；

符合 RoHS 标准，24 引脚 LFCSP 封装；

应用：完整中频 AGC 放大器；增益调整和校平；蜂窝基站；点对点无线电链路；RF 仪器仪表。

第十章 集成运算放大器的非线性应用

10.1 基本要求及重点、难点

1. 基本要求

（1）掌握利用二极管、三极管的非线性特性与集成运放构成的非线性运算（对数、指数、精密整流）电路的结构及其分析计算方法。

（2）了解电压比较器的基本特性；理解电压比较器和运算放大器的不同之处（包括功能、电路和要求的不同）；掌握电压比较器的开环应用，亦即简单比较器（包括过零比较器和脉宽调制器）的特点、用途和传输特性，能根据输入信号绘制其输出波形。

（3）掌握正反馈比较器（迟滞比较器）的特点、传输特性及其输入输出波形。

（4）掌握单运放和双运放弛张振荡器电路的特点，能定性画出输出波形，计算输出方波、三角波幅度和振荡频率。

（5）了解各种单片集成电压比较器的特点、主要参数和应用。

2. 重点、难点

重点：简单比较器、迟滞比较器和弛张振荡器电路的分析和计算。

难点：简单比较器、迟滞比较器和弛张振荡器传输特性及输出波形的分析。

10.2 习题类型分析及例题精解

本章习题类型主要包括分析计算类题目和综合设计类题目。

（1）分析计算类题目一般给定电路，要求：

· 分析电路功能；

· 绘制传输特性；

· 绘制输出波形等。

因为大部分电路为非线性电路，其暂态分析、时域分析方法比线性电路分析会困难些。

（2）综合设计类题目一般提出设计目标，如功能目标、输出波形目标、传输特性目标等，要求设计电路结构，确定电路元件值等。一般设计方案不是唯一的，要选择其中比较容易实现而性能又可以达到设计目标性能的电路。解题中应注意以下几点：

① 对数和反对数电路是根据晶体管转移特性中的指数规律来实现其运算的。

② 就集成运放精密二极管整流电路的分析而言，首先假设二极管均不导通（运放处于开环状态）来判断输出电压的正负，然后再根据输出电压的极性来确定输出端二极管的导通和截止状态，最后分析输入输出电压的关系。

③ 简单比较器一定是开环运用，其比较电平与输出无关。

④ 迟滞比较器引入了"正反馈"，其比较电平与输出有关，且 $U_r = FU_o$，其中 F 为正反馈系数；传输特性为闭合曲线，存在"回差"，故抗干扰能力增强，翻转时边缘更加陡峭，但比较灵敏度降低了。

⑤ 无论输入信号的形状如何，比较器的输出肯定是方波，其高低电平与电源电压有关。专用集成电压比较器的高低电平大多与数字电路兼容。专用集成电压比较器可开环运用，也可引入正反馈而演变为迟滞比较器。

⑥ 在迟滞比较器基础上加入 RC 充放电电路，并用 RC 电路的电容电压来控制比较器的自动翻转，便构成弛张振荡器，从而得到方波与三角波波形。

⑦ 弛张振荡器的振荡频率一般取决于 RC 定时电路的时间常数及迟滞比较器的比较电平。

⑧ 弛张振荡器的方波幅度取决于电源电压或输出限幅电路。三角波的幅度取决于迟滞比较器的比较电平。

【例 10 - 1】 由对数和反对数运算电路构成的模拟运算电路如图 10 - 1 所示。求输出电压 u_o 的表达式。

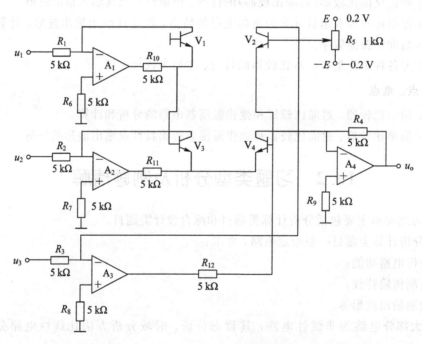

图 10 - 1 例 10 - 1 电路图

解 电路中电阻 R_5 起调零作用，所以有

$$u_{BE1} + u_{BE3} - u_{BE4} - u_{BE2} = 0$$

由晶体管的电流方程得

$$u_{BE1} = U_T \ln \frac{u_1}{I_s R_1}$$

$$u_{BE3} = U_T \ln \frac{u_2}{I_s R_2}$$

$$u_{BE2} = U_T \ln \frac{u_3}{I_s R_3}$$

$$u_{BE4} = U_T \ln \frac{u_o}{I_s R_4}$$

所以有

$$\frac{u_1 u_2}{u_3 u_o} = 1$$

即

$$u_o = \frac{u_1 u_2}{u_3}$$

【例 10 - 2】 集成运放精密半波整流电路如图 10 - 2(a)所示,分析其传输特性。

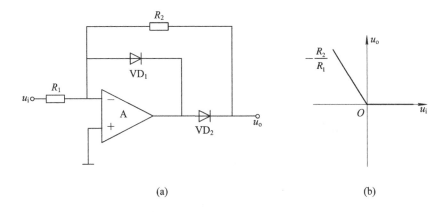

(a)   (b)

图 10 - 2 例 10 - 2 电路图及传输特性

解 集成运放 A 的同相端接地,电压 $u_+ = 0$,所以把输入电压 u_i 分为大于零和小于零两个取值阶段。当 $u_i > 0$ 时,A 输出负电压,二极管 VD_1 导通,VD_2 截止,A 存在负反馈,用作放大器,电阻 R_2 右端悬空,其上没有电流,输出电压 $u_o = u_- = u_+ = 0$;当 $u_i < 0$ 时,A 输出正电压,VD_1 截止,VD_2 导通,A 存在负反馈,用作放大器,电路等效为反相比例放大器,$u_o = -(R_2/R_1)u_i$。传输特性如图 10 - 2(b)所示。

【例 10 - 3】 高输入阻抗绝对值电路如图 10 - 3 所示。已知匹配条件为 $R_1 = R_2 = R_{f1} = 0.5 R_{f2}$,推导输出电压 u_o 与输入电压 u_i 的关系表达式。

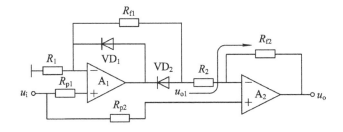

图 10 - 3 例 10 - 3 电路图

解 当 $u_i > 0$ 时,二极管 VD_1 导通,VD_2 截止,第一级放大器的输出电压 $u_{o1} = u_{1-} = u_{1+} = u_i$,集成运放 A_2 的输入电压 $u_{2-} = u_{2+} = u_i$,所以电阻 R_2 和 R_{f2} 中无电流,输出电压

$u_{\mathrm{o}}=u_{2-}=u_{\mathrm{i}}$。

当 $u_{\mathrm{i}}<0$ 时，$\mathrm{VD_1}$ 截止，$\mathrm{VD_2}$ 导通，此时第一级放大器构成同相比例放大器，有

$$u_{\mathrm{o1}}=\left(1+\frac{R_{\mathrm{f1}}}{R_1}\right)u_{\mathrm{i}}=2u_{\mathrm{i}}$$

$u_{2-}=u_{2+}=u_{\mathrm{i}}$，$R_2$ 和 R_{f2} 中的电流 $i=(u_{\mathrm{o1}}-u_{2-})/R_2=u_{\mathrm{i}}/R_2$，故

$$u_{\mathrm{o}}=u_{2-}-iR_{\mathrm{f2}}=u_{\mathrm{i}}-\frac{R_{\mathrm{f2}}}{R_2}u_{\mathrm{i}}=-u_{\mathrm{i}}$$

根据以上分析，在任意时刻，$u_{\mathrm{o}}=|u_{\mathrm{i}}|$。

【例 10-4】 场效应管开关电路、输入电压 u_{i} 和栅极电压 u_{G} 的波形分别如图 10-4(a) 和(b)所示，电容 C 的初始电压为零，定量画出输出电压 u_{o1} 和 u_{o2} 的波形。

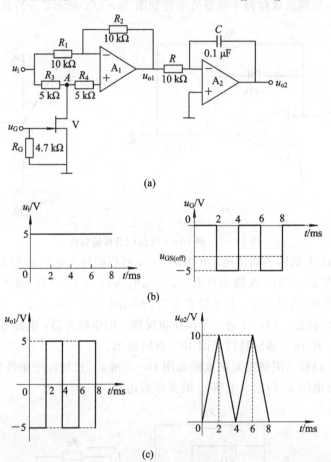

图 10-4 例 10-4 电路图及波形图

解 $u_{\mathrm{G}}=0$ 时，场效应管处于开关导通状态，节点 A 处电压为零，集成运放 $\mathrm{A_1}$ 构成反相比例放大器，则

$$u_{\mathrm{o1}}=-\frac{R_2}{R_1}u_{\mathrm{i}}=-\frac{10\ \mathrm{k\Omega}}{10\ \mathrm{k\Omega}}\times5\ \mathrm{V}=-5\ \mathrm{V}$$

$\mathrm{A_2}$ 构成反相积分器，u_{o2} 随时间线性上升。$t=2\ \mathrm{ms}$ 时，u_{o2} 最大值为

$$u_{o2max} = -\frac{1}{RC}\int_0^t u_{o1}\,dt = -\frac{1}{10\text{ k}\Omega \times 0.1\text{ }\mu\text{F}}\int_0^2 -5\text{ V }dt = 10\text{ V}$$

$u_G = -5$ V 时，场效应管工作在截止区，A 处电压为 u_i，$u_{o1} = u_i$，u_{o2} 随时间线性下降。$t = 4$ ms 时，u_{o2} 最小值为 $u_{o2min} = 0$。u_{o1} 和 u_{o2} 的波形如图 10 – 4(c)所示。

【例 10 – 5】 设计一个电路，将一个不规则的波形整形成方波后，再变换成尖脉冲，如图 10 – 5 所示。

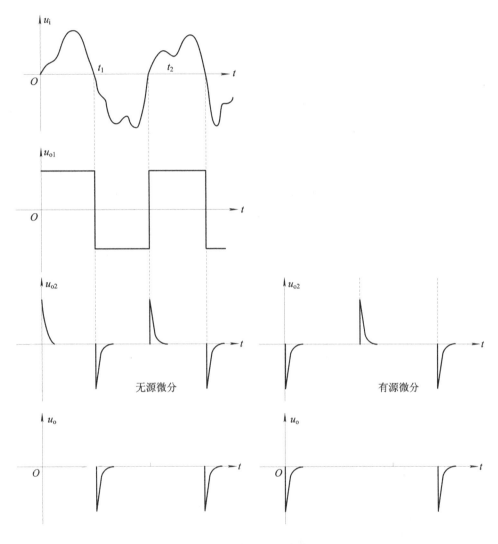

图 10 – 5 例 10 – 5 波形图

解 根据题意：

(1) 用过零比较器，将不规则的波形整形成方波。

(2) 用微分电路(RC)将方波变换成双向尖脉冲，只要时间常数 RC 远小于 u_i 过零的时间间隔 t_1。如图 10 – 6(a)为无源微分电路，图 10 – 6(b)为有源微分电路。

(3) 用晶体二极管单向导电特性将正脉冲阻隔，使负脉冲通过，如图 10 – 6 所示。

【例 10 – 6】 定性画出图 10 – 7 中弛张振荡器的输出电压 u_o 和电容电压 u_C 的波形。

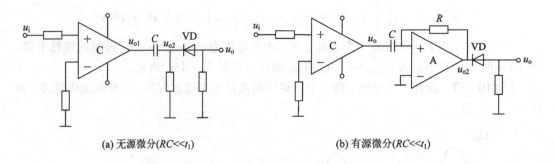

(a) 无源微分(RC<<t₁)   (b) 有源微分(RC<<t₁)

图　10-6

解 图 10-7(a)中，当 $u_o = U_{oH} = 6$ V 时，二极管 VD 截止，u_o 通过电阻 R_5 对电容 C 充电；当 $u_o = U_{oL} = -6$ V 时，VD 导通，C 通过 $R_4 // R_5$ 放电。根据以上分析，该电路的充电速度慢，放电速度快，u_o 和 u_C 的波形如图 10-7'(a)所示，其中设 $t=0$ 时，C 上的电量为零。

图 10-7(b)中，当 $u_o = U_{oH} = 6$ V 时，二极管 VD 导通，u_o 通过电阻 R_4 对电容 C 充电；当 $u_o = U_{oL} = -6$ V 时，VD 截止，C 通过 $R_4 + R_5$ 放电。根据以上分析，该电路的充电速度大于放电速度，u_o 和 u_C 的波形如图 10-7'(b)所示，其中设 $t=0$ 时，C 上的电量为零。

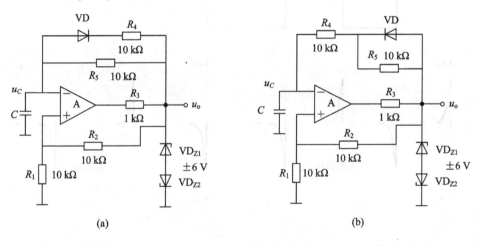

(a)   (b)

图　10-7

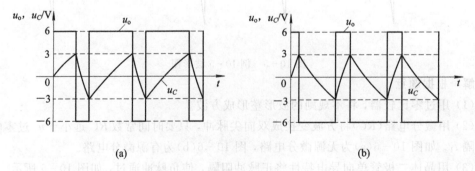

(a)   (b)

图　10-7'

10.3 练习题及解答

10-1 推导图 P10-1 中对数运算电路的输出电压 u_o 的表达式。

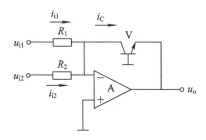

图 P10-1

解
$$u_o = -u_{BE} = -U_T \ln\left(\frac{i_C}{I_s}\right)$$

其中

$$i_C = i_{i1} + i_{i2} = \frac{u_{i1}}{R_1} + \frac{u_{i2}}{R_2}$$

所以

$$u_o = -U_T \ln\left(\frac{u_{i1}}{I_s R_1} + \frac{u_{i2}}{I_s R_2}\right)$$

10-2 由对数运算电路构成的模拟运算电路如图 P10-2 所示,推导输出电压 u_o 的表达式。

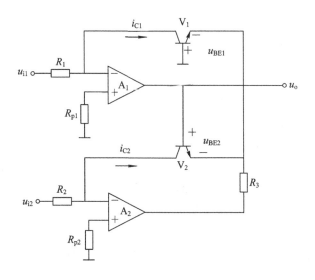

图 P10-2

解 由

$$i_{C1} = I_s e^{\frac{u_{BE1}}{U_T}} = \frac{u_{i1}}{R_1}$$

得

$$u_{BE1} = U_T \ln \frac{u_{i1}}{I_s R_1}$$

由

$$i_{C2} = I_s e^{\frac{u_{BE2}}{U_T}} = \frac{u_{i2}}{R_2}$$

得

$$u_{BE2} = U_T \ln \frac{u_{i2}}{I_s R_2}$$

所以

$$u_o = u_{BE2} - u_{BE1} = U_T \ln \frac{u_{i2}}{I_s R_2} - U_T \ln \frac{u_{i1}}{I_s R_1} = U_T \ln \frac{R_1 u_{i2}}{R_2 u_{i1}}$$

10-3 集成运放精密全波整流电路如图 P10-3(a)所示,分析其传输特性。

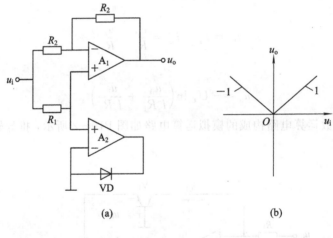

(a)   (b)

图 P10-3

解 集成运放 A_2 和二极管 VD 构成集成运放精密二极管电路。A_2 的反相端接地,电压 $u_{2-} = 0$,所以把输入电压 u_i 分为大于零和小于零两个取值阶段。当 $u_i > 0$ 时,A_2 输出正电压,VD 截止,A_2 不存在负反馈,用作电压比较器,电阻 R_1 上没有电流,$u_{1-} = u_{1+} = u_i$,$u_o = 2u_{1-} - u_i = u_i$;当 $u_i < 0$ 时,A_2 输出负电压,VD 导通,A_2 存在负反馈,用作放大器,$u_{1-} = u_{1+} = u_{2+} = u_{2-} = 0$,$u_o = -u_i$。传输特性如图 P10-3(b)所示。

10-4 晶体管开关电路和基极电压 u_b 的波形分别如图 P10-4(a)和(b)所示,电容 C 的初始电压为零,定性画出输出电压 u_o 的波形。

解 u_b 为低电平时,晶体管处于截止状态,电路等效为反相积分器,u_o 随时间线性上升;u_b 为高电平时,晶体管处于饱和状态,C 通过晶体管放电,u_o 瞬间减小到零。u_o 的波形如图 P10-4(c)所示。

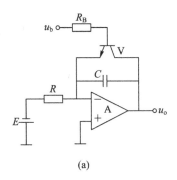

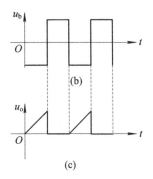

图 P10-4

10-5 试利用专用集成电压比较器 LM311，将一个受干扰的低频三角波（如图 P10-5 所示）整形成方波，建议比较器电源电压采用±5 V。

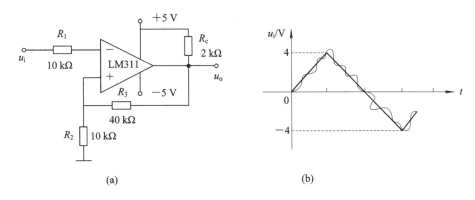

图 P10-5

（a）电路图；（b）输入信号

解 因为输入信号为受干扰的低频信号，故应采用抗干扰能力强的迟滞比较器，引入正反馈，使传输特性存在一个"回差"，如图 P10-5′所示。

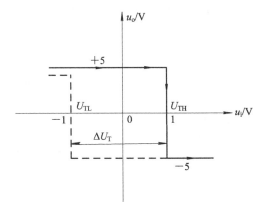

图 P10-5′ 传输特性

取上拉电阻 $R_c = 2$ kΩ，$R_1 = R_2 = 10$ kΩ，取回差 $\Delta U_T = 2$ V，则正反馈系数 $F = \dfrac{U_{R2}}{U_o} =$

$\dfrac{R_2}{R_3+R_2}=\dfrac{1}{5}$，故 $R_2 = 40\ \text{k}\Omega$。其传输特性及输出波形分别如图 P10-5′和图 P10-5″所示。

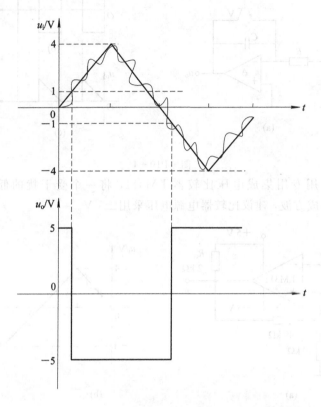

图 P10-5″　输出波形

10-6　设计一个弛张振荡器，振荡频率 $f_0 = 100\ \text{Hz}$，方波输出振幅 $U_o \leqslant 12\ \text{V}$，三角波线性很好，且振幅为 6 V。

解　(1) 电路选择。因为要求三角波线性很好，所以选用双运放构成弛张振荡器，电路如图 P10-6 所示。因为要求方波振幅 $U_o \leqslant 12\ \text{V}$，所以选电源电压 $U_{CC} = |U_{EE}| = 12\ \text{V}$。因为要求振荡频率 $f_0 = 100\ \text{Hz}$，频率较低，故运放型号选 F007(LM741)。

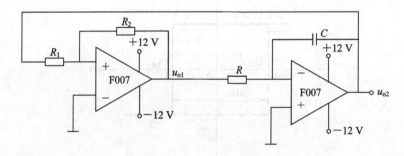

图 P10-6　设计的电路图

(2) 阻容元件值的确定。

① R_2、R_1 的选择。根据设计目标，画出 u_{o1}、u_{o2} 的波形，如图 P10-6′所示。

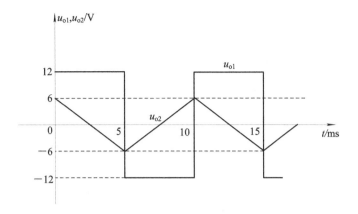

图 P10-6′　方波、三角波波形

结合电路图，u_{o1} 波形发生跳变时的 u_{o2} 应满足下式：

$$u_{o1} \frac{R_1}{R_1 + R_2} + \frac{R_2}{R_1 + R_2} u_{o2} = 0$$

当 $u_{o1} = 12$ V 时，则

$$u_{o2} = -\frac{R_1}{R_2} u_{o1} = -\frac{R_1}{R_2} \times 12 = -6 \text{ V}$$

可见 $\frac{R_1}{R_2} = \frac{1}{2}$，选 $R_1 = 10$ kΩ，则 $R_2 = 20$ kΩ。

② 积分时常数 R、C 的选择。因为

$$f_0 = \frac{R_2}{4RCR_1} = 100 \text{ Hz}$$

$$RC = \frac{R_2}{4R_1 f_0} = \frac{1}{2 \times 100} = 0.5 \times 10^{-2}$$

故选 $R = 100$ kΩ，则

$$C = \frac{0.5 \times 10^{-2}}{10^5} = 0.5 \times 10^{-7} = 0.05 \text{ μF}$$

10-7　电路和输入电压 u_i 的波形如图 P10-7 所示。设二极管是理想二极管，画出输出电压 u_o 的波形。

解　图 P10-7(a)中，当 $u_i > 0$ 时，二极管 VD 导通，集成运放的输入电压 $u_- = u_+ = u_i$，则

$$u_o = \frac{u_- - u_i}{R_1} R_2 + u_- = u_i$$

当 $u_i < 0$ 时，VD 截止，$u_+ = 0$，电路构成反相比例放大器，有

$$u_o = -\frac{R_2}{R_1} u_i = -u_i$$

根据以上分析，在任意时刻，$u_o = |u_i|$，波形如图 P10-7′(a)所示，电路实现全波整流。

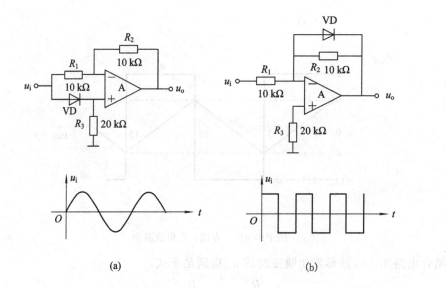

图　P10 - 7

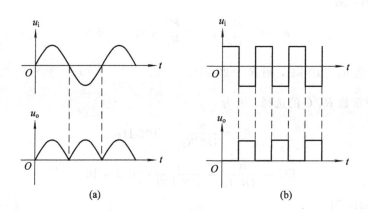

图　P10 - 7′

图 P10 - 7(b)中，当 $u_i > 0$ 时，二极管 VD 导通，$u_o = u_- = u_+ = 0$；当 $u_i < 0$ 时，VD 截止，电路构成反相比例放大器，有

$$u_o = -\frac{R_2}{R_1}u_i = -u_i$$

根据以上分析，在任意时刻，u_o 的波形如图 P10 - 7′(b)所示，电路实现半波整流。

10 - 8　电路如图 P10 - 8 所示。设电容 C 的初始电压为零。

(1) 说明集成运放 A_1、A_2 和 A_3 的功能；

(2) 当输入电压 $u_i = 8\ \sin\omega t\,(\text{V})$ 时，画出各级输出电压 u_{o1}、u_{o2} 和 u_o 的波形。

解　(1) A_1 构成反相比例放大器，A_2 构成反相过零简单比较器，A_3 构成反相积分器。

(2)　　　$u_{o1} = -\dfrac{R_2}{R_1}u_i = -u_i$

当 $u_{o1} < 0$ 时，$u_{o2} = 6\ \text{V}$；当 $u_{o1} > 0$ 时，$u_{o2} = -6\ \text{V}$。$u_{o2} = 6\ \text{V}$ 时，电容 C 充电，u_o 随时

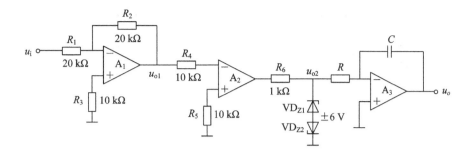

图 P10-8

间线性下降；$u_{o2}=-6$ V 时，C 放电，u_o 随时间线性上升。根据以上分析，u_{o1}、u_{o2} 和 u_o 的波形如图 P10-8' 所示。

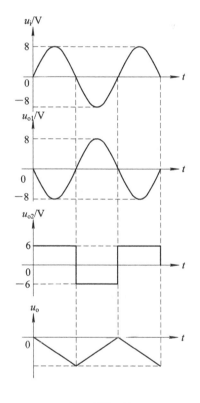

图 P10-8'

10-9 电路如图 P10-9 所示，设输入信号为 $u_i = 2\sin 250t$(V)。

(1) 判断各电路的功能；

(2) 画出各自的输出波形。

解 (1) 判断各电路功能。

电路(a)引入了负反馈，是一个反相比例放大器，其增益

$$A_{uf} = \frac{\dot{U}_o}{\dot{U}_i} = -\frac{R_2}{R_1} = -2$$

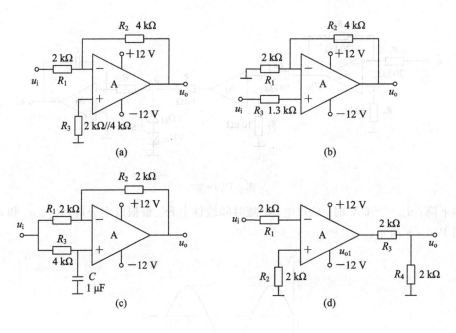

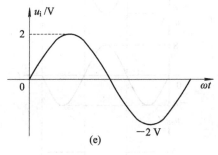

图 P10 - 9

电路(b)也引入了负反馈,是一个同相比例放大器,其增益

$$A_{uf} = \frac{\dot{U}_o}{\dot{U}_i} = 1 + \frac{R_2}{R_1} = 3$$

电路(c)引入了负反馈,是一个一阶移相器,其增益

$$A_{uf}(j\omega) = \frac{U_o(j\omega)}{U_i(j\omega)} = \frac{1 - j\omega R_3 C}{1 + j\omega R_3 C}$$

$$= 1\angle 2\arctan\omega R_3 C$$

输入信号角频率 $\omega = 250$,而

$$R_3 C = 4 \times 10^3 \times 1 \times 10^{-6} = 4 \times 10^{-3}$$

故

$$\omega R_3 C = 250 \times 4 \times 10^{-3} = 1$$

所以对输入信号的移相为 $-90°$。

电路(d)是一个开环运用的过零比较器,输出电压为方波,振幅近似为 $\frac{1}{2}U_{CC} = 6$ V。

（2）各电路的输出波形如图 P10-9′所示。

输入信号振幅为 2 V，频率 $f = \dfrac{\omega}{2\pi} = \dfrac{250}{2\pi} \approx 40$ Hz。

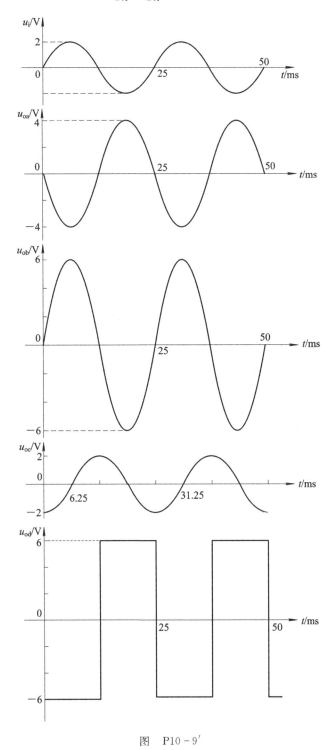

图　P10-9′

10-10 电路如图 P10-10 所示,分别画出(a)、(b)、(c)各电路的电压传输特性及输出波形,设 $u_i = 15 \sin\omega t$ (V)。

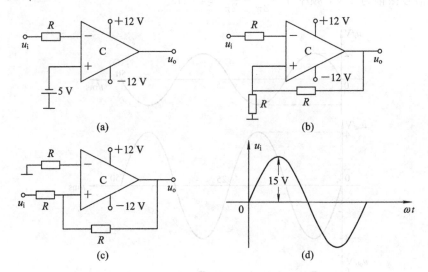

图 P10-10

解 (1) 传输特性。

电路(a)是简单比较器,其传输特性如图 P10-10′(a)所示,比较电平为 $U_r = -5$ V。

电路(b)是反相输入迟滞比较器,其传输特性如图 P10-10′(b)所示。其中 $U_{oH} = +12$ V,$U_{oL} = -12$ V;上门限电压 $U_{TH} = \dfrac{R}{R+R} U_{oH} = 6$ V,下门限电压 $U_{TL} = \dfrac{R}{R+R} U_{oL} = -6$ V。

电路(c)是同相输入迟滞比较器,其传输特性如图 P10-10′(c)所示。其中当

$$\boxed{\dfrac{R}{R+R} U_i + \dfrac{R}{R+R} U_o = 0}$$ 时,输出状态翻转。由此得到上、下门限电压分别为

$$U_{TH} = -U_o = -(-12 \text{ V}) = 12 \text{ V}$$
$$U_{TL} = -U_o = -(12 \text{ V}) = -12 \text{ V}$$

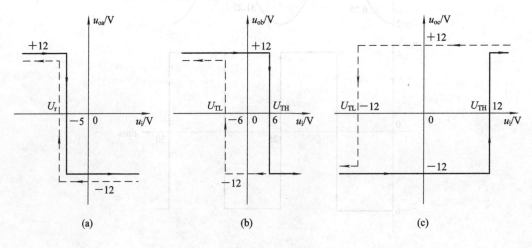

图 P10-10′

（2）输出波形图。

输出波形如图 P10 - 10''(a)、(b)、(c)所示。

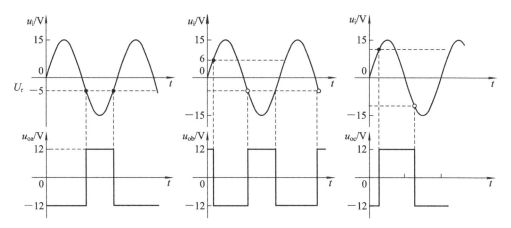

图　P10 - 10''

10 - 11　电路如图 P10 - 11(a)所示，输入信号如图 P10 - 11(b)所示。

（1）判断 A_1、A_2 各组成何种功能的电路；

（2）画出 A_1 所组成电路的电压传输特性；

（3）画出 u_o 的输出波形。

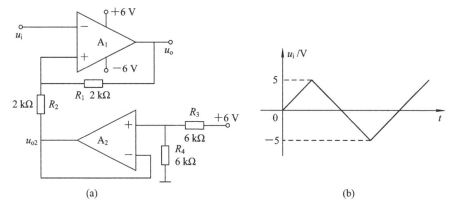

图　P10 - 11

解　（1）A_1 组成迟滞比较器，A_2 组成电压跟随器（$A_{u2f}=1$）。

（2）A_1 的传输特性。

画出 A_1 的电路，如图 P10 - 11'(a)所示，故 A_1 电路的电压传输特性如图 P10 - 11'(b)所示。

A_2 的同相输入端电压为

$$U_{2+} = \frac{R_4}{R_3 + R_4}U_{o2} = \frac{3}{6+3} \times 6 = 2 \text{ V}$$

又有 $U_{2+}=U_{2-}$，所以 $U_{o2}=U_{2+}=2$ V。

图 P10 - 11'(b)中，

$$U_{oH} = 6 \text{ V}, U_{oL} = -6 \text{ V}$$

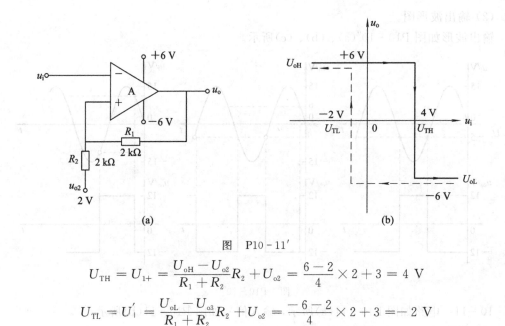

图 P10-11′

$$U_{TH} = U_{1+} = \frac{U_{oH} - U_{o2}}{R_1 + R_2} R_2 + U_{o2} = \frac{6-2}{4} \times 2 + 3 = 4 \ V$$

$$U_{TL} = U'_1 = \frac{U_{oL} - U_{o3}}{R_1 + R_2} R_2 + U_{o2} = \frac{-6-2}{4} \times 2 + 3 = -2 \ V$$

（3）u_o 波形。根据传输特性，画出 u_o 波形如图 P10-11″所示。

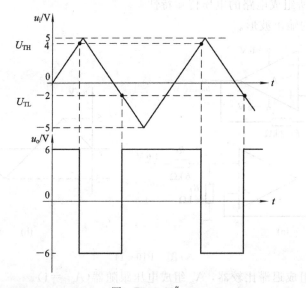

图 P10-11″

10-12　电路如图 P10-12 所示。

（1）判断 A_1、A_2 所组成电路的功能；

（2）求 u_{o1} 的表达式；

（3）画出 $u_o - u_i$ 电压传输特性。

解　（1）A_1 是反相相加器；A_2 是迟滞比较器，其正反馈系数 $F = \frac{1}{3}$。

（2）u_{o1} 的表达式为

$$u_{o1} = -\frac{R_2}{R_1} u_i - \frac{R_2}{R_3} U_r = -\frac{100}{10} u_i - \frac{100}{20} U_r = -10u_i + 2.5 \ V$$

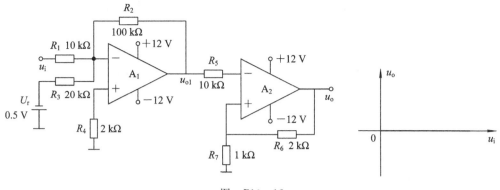

图 P10-12

（3）画 u_o-u_i 的传输特性分为以下三步。

① 画出 u_{o1}-u_i 的传输特性。根据 u_{o1}-u_i 的关系式，画出 u_{o1}-u_i 传输特性如图 P10-12'（a）所示。

② 画出 u_{o1}-u_o 的传输特性。观察电路图，u_o 的高电平 $U_{oH}=12$ V，此时上门限电压 $U_{TH}=\dfrac{R_7}{R_7+R_6}U_{oH}=\dfrac{1\ \text{k}\Omega}{1\ \text{k}\Omega+2\ \text{k}\Omega}\times12=4$ V，而 u_o 的低电平 $U_{oL}=-12$ V，那么下门限电压 $U_{TL}=\dfrac{R_7}{R_7+R_6}U_{oL}=-4$ V。画出迟滞比较器的电压传输特性如图 P10-12'（b）所示。

③ 画出 u_o-u_i 的传输特性，关键是找出对应 U_{TH} 和 U_{TL} 的 U_i 值。因为 u_{o1} 与 u_i 是反相的，所以对应 U_{TH} 必是 U_{iL}，而对应 U_{TL} 必是 U_{iH}。根据

$$u_{o1}=-10u_i+2.5\ \text{V}$$

得 $U_{o1}=U_{TH}=4$ V，求出对应的

$$U_{iL}=\frac{2.5-4}{10}=-0.15\ \text{V}$$

$U_{o1}=U_{TL}=-4$ V，求出对应的

$$U_{iH}=\frac{2.5+4}{10}=0.65\ \text{V}$$

画出 u_o-u_i 的传输特性，如图 P10-12'（c）所示。

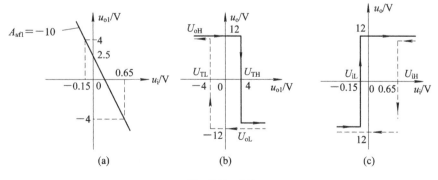

图 P10-12'

10-13 电路如图 P10-13 所示。

（1）判断 A_1、A_2 各组成什么功能的电路；

（2）若输入信号为 1 V 的阶跃电压，试画出 u_{o1} 和 u_{o2} 的波形图，确定 u_{o2} 产生跳变的时间 t_1（设 $t=0$ 时，$u_C(0)=0$，$u_o(0)=-12$ V）。

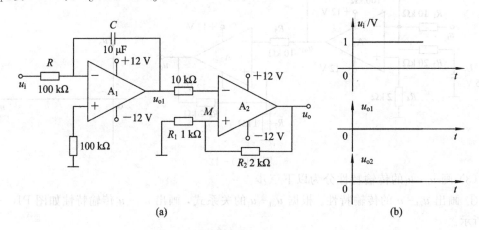

图 P10-13

解 （1）A_1 接成反相积分器；A_2 接成迟滞比较器，正反馈系数 $F=\dfrac{R_1}{R_1+R_2}=\dfrac{1}{3}$。

（2）① 因为 u_i 为 $+1$ V，故 u_{o1} 为线性下降波形，且

$$u_{o1}=-\frac{1}{RC}\int u_i\,\mathrm{d}t=-\frac{1\text{ V}}{10^5\times10\times10^{-6}}t=-t\text{(V)}$$

② 因为 $u_o(0)=-12$ V，$U_M=-FU_0=-4$ V，当 $u_{o1}\leqslant-4$ V 时，u_o 将从低电平跳变到高电平，跳变时刻的 $t=t_1$，所以

$$u_{o1}=-t_1=-4\text{ V}$$

则 $t_1=4$ s。

画出 u_{o1}、u_o 的波形如图 P10-13′所示。

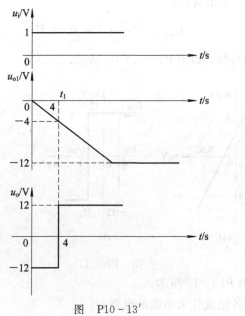

图 P10-13′

· 166 ·

10 - 14 电路如图 P10 - 14 所示，输入信号 $u_i = 2\sin\omega t$(V)，试画出 u_o 的波形图。

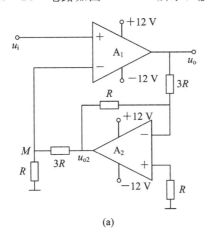
(a)

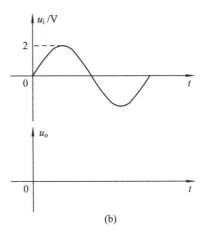
(b)

图 P10 - 14

解 (1) 该电路中 A_2 组成反相比例放大器，其增益

$$A_{uf2} = -\frac{R}{3R} = -\frac{1}{3}, \quad u_{o2} = -\frac{1}{3}u_o$$

A_2 将信号反相，反馈又加到 A_1 的反相端，所以实际上是引入了正反馈，也就是 A_1 组成的电路实际上是一个迟滞比较器。例如，

$$u_i \uparrow \rightarrow U_+ \uparrow \rightarrow u_o \uparrow \rightarrow u_{o2} \downarrow \rightarrow U_- \downarrow$$

所以 $(U_+ - U_-)$ 就越来越大，是一个正反馈过程。

正反馈系数 $F = \dfrac{U_M}{U_o} = \dfrac{U_M}{U_{o2}} \times \dfrac{U_{o2}}{U_o} = \dfrac{1}{4} \times \dfrac{1}{3} = \dfrac{1}{12}$，即 $U_M = \dfrac{1}{12}U_o$。这就是比较电平，也就是门限电压。

当 $U_o = U_{oH} = 12$ V 时，$U_M = U_{TH} = \dfrac{U_{oH}}{12} = 1$ V；

当 $U_o = U_{oL} = -12$ V 时，$U_M = U_{TL} = \dfrac{U_{oL}}{12} = -1$ V。

故该电路的传输特性及输出波形如图 P10 - 14$'$(a)、(b) 所示。

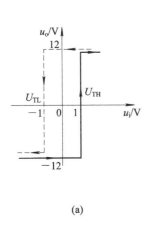
(a)

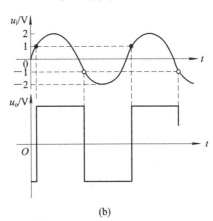
(b)

图 P10 - 14$'$

10-15 电路如图 P10-15 所示。二极管是理想二极管，场效应管的夹断电压 $U_{\text{GS(off)}} = -4$ V，电容 C 的初始电压为零。

(1) 说明集成运放 A_1、A_2 和 A_3 的功能；

(2) 说明二极管 VD 和场效应管 V 的功能；

(3) 根据图中输入电压 u_i 的波形，画出各级输出电压 u_{o1}、u_{o2}、u_{o3} 和 u_o 的波形。

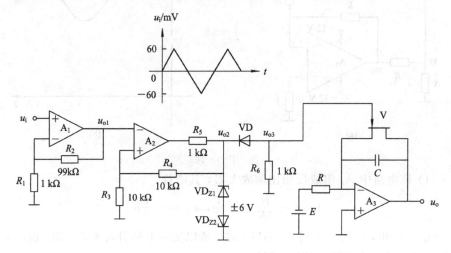

图 P10-15

解 (1) A_1 构成同相比例放大器；A_2 构成反相迟滞比较器；A_3 构成反相积分器。

(2) 二极管 VD 和电阻 R_6 构成半波整流电路；场效应管 V 用作无触点电子开关。

(3) u_{o1}、u_{o2}、u_{o3} 和 u_o 的波形如图 P10-15′所示。

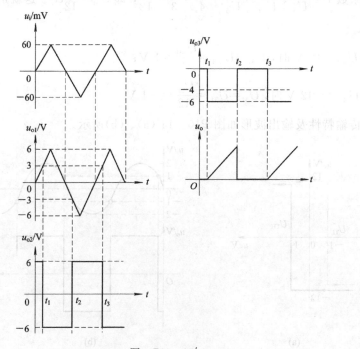

图 P10-15′

10-16 电路如图 P10-16 所示，画出输出电压 u_o 和电容电压 u_C 的波形。

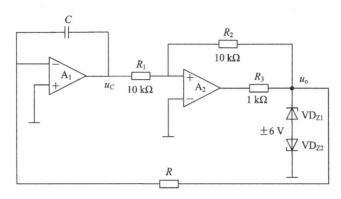

图 P10-16

解 集成运放 A_1 构成反相积分器，A_2 构成同相迟滞比较器。当 $u_o = U_{oH} = 6$ V 时，电容 C 恒流充电，u_C 随时间线性下降，当

$$u_C < U_{TL} = -\frac{R_1}{R_2}U_{oH} = -\frac{10 \text{ k}\Omega}{10 \text{ k}\Omega}6 \text{ V} = -6 \text{ V}$$

时，$u_o = U_{oL} = -6$ V，电容 C 恒流放电，u_C 随时间线性上升。根据以上分析，u_o 和 u_C 的波形如图 P10-16' 所示，其中设 $t=0$ 时，C 上的电量为零。

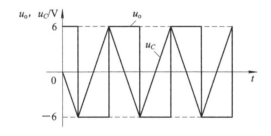

图 P10-16'

10-17 电路如图 P10-17 实线所示，试回答如下问题：

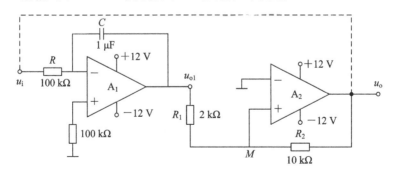

图 P10-17

（1）判断 A_1、A_2 各组成何种功能电路；

（2）设 $t=0$ 时，$u_i = 0$，$U_C(0) = 0$，$u_o(0) = 12$ V，当 $t = t_1$ 时，u_i 接入 +12 V 的直流电压，问经过多长时间，u_o 从 +12 V 跃变到 -12 V？

（3）将电路按如图 P10 - 17 虚线所示连接，且不外加电压 u_i，试说明该电路的功能，并画出 u_{o1} 和 u_o 的波形图，计算振荡频率 f_0。

解 （1）A_1 接成反相积分器，A_2 接成迟滞比较器。

（2）当 $t=0$ 时，$u_i=0$，$U_C(0)=0$，$u_o=12$ V；

当 $t=t_1$ 时，$u_i=12$ V，u_{o1} 线性下降。

当 $U_M=u_{o1}\dfrac{R_2}{R_1+R_2}+\dfrac{R_1}{R_1+R_2}u_o=0$ 时，u_o 将发生跃变，从 12 V 跳变到 -12 V。由此得

$$u_{o1}=-\frac{R_1}{R_2}U_o=-\frac{2}{10}\times12=-2.4\text{ V}$$

而由积分器得

$$u_{o1}(t)=-\frac{1}{RC}\int_{t_1}^{t_2}u_i\,\mathrm{d}t=-\frac{12}{100\times10^3\times10^{-6}}t\Big|_{t_1}^{t_2}+u_{o1}(t_1)$$

$$=-120(t_2-t_1)=-2.4\text{ V}$$

故

$$t_2-t_1=\frac{2.4}{120}=20\text{ ms}$$

式中 $u_{o1}(t_1)=u_{o1}(0)=0$。

u_i、u_{o1} 和 u_o 波形如图 P10 - 17′ 所示。

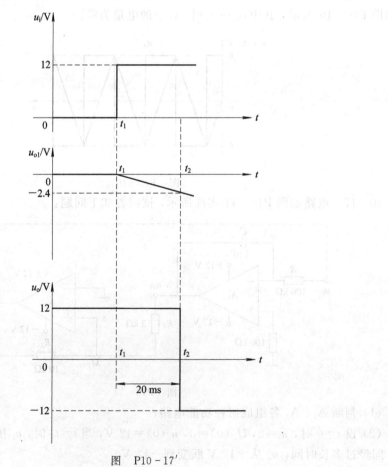

图 P10 - 17′

（3）如图将虚线连通，则构成闭环，形成一个三角波方波产生器，u_{o1} 输出为三角波，u_o 输出为方波，此时不需要外加 u_i 便有方波、三角波输出，是一个弛张振荡器。u_{o1} 和 u_o 的波形如图 P10-17″所示。

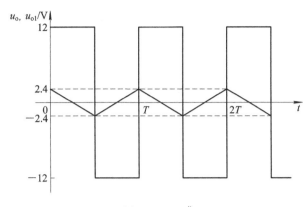

图　P10-17″

振荡频率 f_0：

$$\frac{1}{T} = f_0 = \frac{R_2}{4RCR_1} = \frac{10 \times 10^3}{4 \times 10^5 \times 10^{-6} \times 2 \times 10^3} = 12.5 \text{ Hz}$$

10-18　压控弛张振荡器电路如图 P10-18 所示。

（1）说明集成运放 A_1、A_2 和 A_3 的功能；

（2）说明二极管 VD 和场效应管 V 的功能；

（3）画出各级输出电压 u_{o1}、u_{o2}、u_{o3} 和 u_o 的波形。

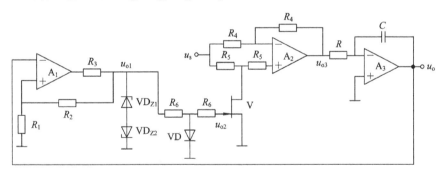

图　P10-18

解　（1）A_1 构成反相迟滞比较器；A_2 构成符号电路；A_3 构成反相积分器。符号电路的输出电压 $u_{o3} = \pm u_s$，u_{o2} 控制其正负号；电容 C 的充放电电流受到 u_s 的控制，即 $i_C = u_{o3}/R = \pm u_s/R$，$i_C$ 的大小决定了反相积分器输出电压 u_o 的变化速度，又控制了反相迟滞比较器的电平翻转频率，所以该电路的振荡频率受到 u_s 的控制，输出方波 u_{o1} 和三角波 u_o。

（2）二极管和电阻 R_6 构成限幅电路，场效应管用作无触点电子开关。

（3）u_{o1}、u_{o2}、u_{o3} 和 u_o 的波形如图 P10-18′所示。

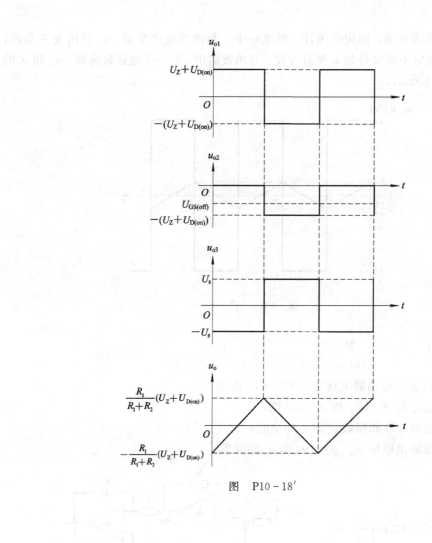

图　P10 - 18′

第十一章　低频功率放大电路

11.1　基本要求及重点、难点

1. 基本要求

（1）理解功率放大器的特点、主要指标、分类及提高功率放大电路效率的方法。

（2）掌握 B 类互补对称功率放大器的工作原理和输出功率、功耗及效率的计算。

（3）了解 AB 类单电源互补对称功率放大器的工作原理和分析计算；了解复合管及准互补 B 类功率放大电路（OCL）的工作原理。

（4）了解 D 类功率放大电路和集成功率放大电路。

（5）了解功率器件及其散热和保护电路。

2. 重点、难点

重点：B 类互补对称功率放大器工作原理和输出功率、功耗及效率的分析、计算以及功率器件的选择原则。

难点：B 类互补对称功率放大器指标的分析、计算。

11.2　习题类型分析及例题精解

功率放大器习题类型分析：

（1）功率放大电路类型的判别；

（2）功率放大电路最大输出功率和效率的计算；

（3）功放管的选择；

（4）功率放大电路中负反馈的分析、计算和引入。

以下举例说明。

【例 11 - 1】　在图 11 - 1 所示功率放大电路中，已知 $U_{CC} = \pm 15$ V，$R_L = 8$ Ω，忽略功率管的饱和压降，试问：

（1）静态时，调整哪个电阻可使 $u_o = 0$ V？

（2）当 $u_i \neq 0$ 时，发现输出波形产生交越失真，应调节哪个电阻，如何调节？

（3）二极管 VD 的作用是什么？若二极管反接，对 V_1、V_2 会产生什么影响？

（4）当输入信号 u_i 为正弦波且有效值为 10 V 时，求电路最大输出功率 P_{om}、电源供给功率 P_E、单管的管耗 P_C 和效率 η。

（5）若 V_1、V_2 功率管的极限参数为 $P_{CM} = 10$ W，$I_{CM} = 5$ A，$U_{(BR)CEO} = 40$ V，验证功率管的工作是否安全。

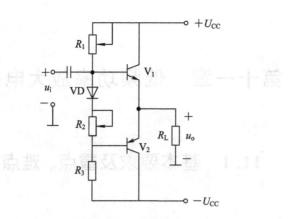

图 11-1 甲乙类互补对称功率放大电路

解 (1) 静态时，调整电阻 R_1 可使 $u_o = 0$ V。

(2) 调整电阻 R_2 并适当加大其值，以恰好消除交越失真为限。

(3) 二极管 VD 的交流电阻值较小，使得 V_1、V_2 管基极之间有足够的直流电压差，正向导通的二极管和 R_2 在功率管的基极与发射极之间提供了一个适当的正向偏置（微导通状态），使管子工作在甲乙类状态。若二极管反接，则流过电阻 R_1 的静态电流全部成为 V_1、V_2 管的基极电流，这将导致 V_1、V_2 管基极电流过大，甚至有可能烧坏功率管。

(4) 因输入信号 u_i 的有效值为 10 V，故其最大值 $U_{im} = 10\sqrt{2}$ V，又因该功放电路是射极跟随器结构（$A_u \approx 1$），则有 $U_{om} = U_{im} = 10\sqrt{2}$ V，故电路最大输出功率

$$P_{om} = \frac{U_{om}^2}{2R_L} = \frac{200}{16} = 12.5 \text{ W}$$

电源供给功率

$$P_E = \frac{2U_{om}}{\pi R_L}U_{CC} = \frac{2 \times 10\sqrt{2} \times 15}{3.14 \times 8} = 16.9 \text{ W}$$

单管的管耗

$$P_C = \frac{1}{2}(P_E - P_{om}) = 2.2 \text{ W}$$

效率

$$\eta = \frac{P_{om}}{P_E} = 74\%$$

(5) 验证功率管安全与否，需计算功率管的最大工作电压和电流。

最大管耗

$$P_{CM} = 0.2P_{om} = 0.2\frac{U_{CC}^2}{2R_L} = \frac{0.2 \times 15^2}{16} = 2.8 \text{ W} < 10 \text{ W}$$

最大工作电压

$$U_{omM} = 2U_{CC} = 30 \text{ V} < 40 \text{ V}$$

最大工作电流

$$I_{omM} = \frac{U_{CC}}{R_L} = \frac{15}{8} = 1.875 \text{ A} < 5 \text{ A}$$

通过上述分析可知,该功放电路中的功率管工作在安全状态。

11.3 练习题及解答

11-1 某 B 类互补对称功率放大电路,若在负载不变的情况下将输出功率提高一倍,供电电压应提高多少倍? 设功率管的饱和压降忽略不计。

解 因为 $P_{om} = \dfrac{U_{om}^2}{2R_L} = \dfrac{(U_{CC} - U_{CES})^2}{2R_L} = \dfrac{U_{CC}^2}{2R_L}$

故 $U_{CC}' = \sqrt{2P_{om}'R_L} = \sqrt{4P_{om}R_L} = \sqrt{2}\,U_{CC}$。

11-2 在图 P11-1 所示电路中,负载 $R_L = 8\ \Omega$,功率管的饱和压降为 1 V,若输入信号 u_i 为正弦波,要求负载上最大输出功率为 10 W,则电源电压应如何选?

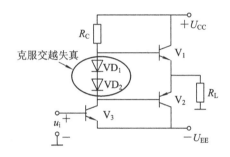

图 P11-1

解 因为 $U_{om} = U_{CC} - U_{CES} = \sqrt{2P_{om}R_L} = \sqrt{2 \times 10 \times 8} = 4\sqrt{10}$ V
故 $U_{CC} = 12.6$ V,电源电压应选 ± 15 V。

11-3 减小或克服 B 类功放电路交越失真的方法是什么?

解 可以分别给两功率管的基极与发射极之间(发射结)提供一个适当的正向偏置(微导通状态),使之工作在 AB 类状态。只要有信号输入,两功率管即可轮流导通,从而减小或克服 B 类功放电路交越失真。

11-4 某 B 类互补对称功率放大电路,在输出端串接一熔断丝,其作用是什么?

解 当集电极电流较大时,烧断熔断丝,保护功率管。

11-5 设计一个输出功率为 20 W 的扩音机电路,若采用 AB 类互补对称功率放大电路(双电源),应至少选取 P_{CM} 为多少瓦的功率管几个?

解 因为 $P_{CM} = 0.2P_{om} = 4$ W,所以需要 2 W 的功率管 2 个。

11-6 功率放大电路如图 P11-2 所示。已知 $U_{CC} = U_{EE} = 15$ V,负载 $R_L = 8\ \Omega$,忽略功率管饱和压降,试回答:

(1) 测得负载电压有效值等于 10 V,问电路的输出功率、单管的管耗、直流电源供给功率以及能量转换的效率各为多少?

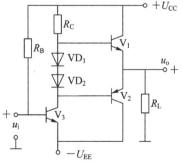

图 P11-2

（2）当负载变为 $R_L = 16\ \Omega$，要求最大输出功率为 8 W，并重新选择功率管型号时，试确定功放电路的电源及功率管的极限参数 P_{CM}、$U_{(BR)CEO}$ 及 I_{CM} 应满足什么条件？

解 （1）输出功率

$$P_o = \frac{1}{2}\frac{U_{om}^2}{R_L} = \frac{1}{2}\frac{(\sqrt{2}U_o)^2}{R_L} = 12.5\ \text{W}$$

直流电源供给功率

$$P_E = \frac{2U_{om}}{\pi R_L}\cdot U_{CC} = \frac{2 \times 10\sqrt{2} \times 15}{3.14 \times 8} = 16.9\ \text{W}$$

单管的管耗

$$P_C = \frac{1}{2}(P_E - P_o) = \frac{1}{2}(16.9 - 12.5) = 2.2\ \text{W}$$

效率

$$\eta = \frac{P_o}{P_E} = \frac{12.5}{16.9} = 74\%$$

（2）因为

$$P_{om} = \frac{1}{2}\frac{U_{CC}^2}{R_L}$$

所以

$$U_{CC} \geqslant \sqrt{2P_{om}R_L} = \sqrt{2 \times 8 \times 16} = 16\ \text{V}$$

最大管耗

$$P_{CM} = 0.2P_{om} = 1.6\ \text{W}$$

功率管最大耐压

$$U_{(BR)CEO} \geqslant 2U_{CC} = 32\ \text{V}$$

功率管最大集电极电流

$$I_{CM} \geqslant \frac{U_{CC}}{R_L} = \frac{16}{16} = 1\ \text{A}$$

11-7 某互补对称电路如图 P11-3 所示，已知三极管 V_1、V_2 的饱和压降为 $U_{CES} = 1\ \text{V}$，$U_{CC} = 18\ \text{V}$，$R_L = 8\ \Omega$。

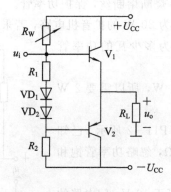

图 P11-3

（1）电阻 R_1 和 VD_1、VD_2 的作用；

（2）电位器 R_W 的作用；

（3）计算电路的最大不失真输出功率 P_{om}；

（4）计算电路的效率 η；

（5）求每个三极管的最大管耗 P_C；

（6）为保证电路正常工作，所选三极管 $U_{(BR)CEO}$ 和 I_{CM} 应为多大。

解 （1）它们为功放管 V_1、V_2 提供足够的直流电压差，使之工作在 AB 类状态，克服交越失真。

（2）静态时，调整电阻 R_W 可使 $u_o = 0$ V。

（3）$P_{om} = \dfrac{U_{om}^2}{2R_L} = \dfrac{(U_{CC} - U_{CES})^2}{2R_L} = \dfrac{(18-1)^2}{2 \times 8} = 18.06$ W。

（4）$P_E = \dfrac{2U_{om}}{\pi R_L} U_{CC} = \dfrac{2 \times 17 \times 18}{3.14 \times 8} = 24.36$ W。

效率 $\eta = \dfrac{P_{om}}{P_E} = \dfrac{18.06}{24.36} = 74.1\%$。

（5）$P_C = \dfrac{1}{2}(P_E - P_{om}) = 3.15$ W。

（6）$U_{(BR)CEO} \geqslant 2U_{CC} = 36$ V，$I_{CM} \geqslant \dfrac{U_{CC}}{R_L} = 2.25$ A。

11-8 单电源供电 OTL 电路如图 P11-4 所示。已知电源电压 $U_{CC} = 12$ V，负载 $R_L = 8$ Ω，忽略功率管饱和压降，试求：

（1）负载可能得到的最大输出功率 P_{om}；

（2）电源供给的最大功率 P_{Emax}；

（3）能量转换效率 η；

（4）管子的允许功耗 P_{CM}；

（5）管子的击穿电压 $U_{(BR)CEO}$；

（6）集电极最大允许电流 I_{CM}；

（7）静态时，电容 C_2 两端的直流电压应为多少？调整哪个电阻能满足这一要求？

（8）若要求电容 C_2 引入的下限频率 $f_{L2} = 10$ Hz，则 C_2 应选多大的值？

（9）动态时，若输出波形产生交越失真，应调整哪个电阻？如何调整？

（10）若 $R_1 = R_3 = 1.2$ kΩ，V_1、V_2 管的 $\beta = 30$，$|U_{BE}| = 0.7$ V，如果 R_2 或 VD 断开，管子 V_1、V_2 会产生什么危险？

解 （1）最大输出功率：

$$P_{om} = \frac{1}{2} \times \frac{\left(\frac{1}{2}U_{CC}\right)^2}{R_L} = \frac{1}{8} \times \frac{12 \times 12}{8} = 2.25 \text{ W}$$

（2）电源供给最大功率：

$$P_{Emax} = \frac{2\left(\frac{1}{2}U_{CC}\right)^2}{\pi R_L} = \frac{1}{2} \times \frac{U_{CC}^2}{\pi R_L} = \frac{1}{2} \times \frac{12 \times 12}{3.14 \times 8} = 2.87 \text{ W}$$

（3）能量转换效率：

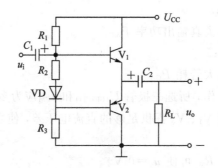

图　P11-4

$$\eta = \frac{P_{om}}{P_{Emax}} = \frac{\pi}{4} = 78.5\%$$

（4）管子允许功耗：

$$P_{CM} = 0.2P_{om} = 0.2 \times 2.25 = 450 \text{ mW}$$

（5）击穿电压：

$$U_{(BR)CEO} \geqslant U_{CC} = 12 \text{ V}$$

（6）最大允许电流：

$$I_{CM} = \frac{1}{2} \times \frac{U_{CC}}{R_L} = \frac{1}{2} \times \frac{12}{8} = 0.75 \text{ A}$$

（7）

$$U_{C2} = \frac{1}{2}U_{CC} = 6 \text{ V}$$

调整 R_1 或 R_3 电阻可满足此要求，即使 $U_{C2} = 6$ V。

（8）为保证功放具有良好的低频响应，电容 C_2 应满足

$$C_2 \geqslant \frac{1}{2\pi R_L f_L} = \frac{1}{2 \times 3.14 \times 8 \times 10} = 1.99 \times 10^3 \ \mu\text{F}$$

选取 2000 μF/12 V 的电解电容即可。

（9）增大电阻 R_2 可克服交越失真。

（10）在此条件下，

$$P_C = \beta I_B U_{CE} = \beta \cdot \frac{U_{CC} - 2 \mid U_{BE} \mid}{R_1 + R_2} \cdot \frac{U_{CC}}{2} \approx 795 \text{ mW}$$

因为 $P_C \gg P_{CM}$，所以 R_2 或 VD 断开将烧毁 V_1、V_2 功率管。

11-9　在图 P11-5 所示电路中，运算放大器的最大输出电压幅度为 ±10 V，最大负载电流为 ±10 mA，晶体管 V_1、V_2 的 $\mid U_{BE} \mid = 0.7$ V。忽略管子饱和压降和交越失真，试问：

（1）为了能得到尽可能大的输出功率，晶体管 V_1、V_2 的 β 值至少应该为多大？

（2）电路得到的最大输出功率是多少？

（3）能量转换的效率 η 是多少？

（4）每只管子的管耗有多大？

（5）求输出最大时，输入信号 u_i 的振幅应为多少？

（6）判断电路引入的反馈类型是什么？

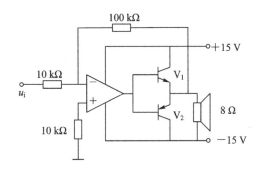

图 P11-5

解 (1)
$$I_{\text{Cmax}} = \frac{U_{\text{om}}}{R_L} = \frac{10}{8} = 1.25 \text{ A}$$

$$\beta \geqslant \frac{I_{\text{Cmax}}}{10} = \frac{1.25}{10^{-2}} = 125$$

(2)
$$P_o = \frac{1}{2} \times \frac{U_{\text{om}}^2}{R_L} = \frac{1}{2} \times \frac{10 \times 10}{8} = 6.25 \text{ W}$$

(3)
$$P_E = \frac{2U_{\text{om}} \times U_{\text{CC}}}{\pi R_L} = \frac{2 \times 10 \times 15}{3.14 \times 8} = 11.94 \text{ W}$$

$$\eta = \frac{P_o}{P_E} = \frac{6.25}{11.94} = 52.3\%$$

(4)
$$P_C = \frac{1}{2}(P_E - P_{\text{om}}) = \frac{1}{2}(11.94 - 6.25) = 2.85 \text{ W}$$

(5) 放大倍数为
$$A = \frac{100}{10} = 10$$

$$U_{\text{im}} = \frac{U_{\text{om}}}{A} = \frac{10}{10} = 1 \text{ V}$$

(6) 电路引入的反馈类型是并联电压负反馈。

11-10 单电源供电的互补对称功率放大电路如图 P11-6 所示。已知负载电流振幅值 $I_{\text{Lm}} = 0.45$ A，试求：

(1) 负载上所获得的功率 P_o；

(2) 电源供给的直流功率 P_E；

(3) 每管的管耗及每管的最大管耗；

(4) 放大器的效率 η。

解 (1) 输出功率 P_o：
$$P_o = \frac{1}{2}I_{\text{Lm}}^2 R_L = \frac{1}{2} \times 0.45^2 \times 35 = 3.54 \text{ W}$$

(2) 直流电源供给功率 P_E：
$$P_E = \frac{I_{\text{om}}}{\pi} \cdot U_{\text{CC}} = \frac{0.45 \times 35}{3.14} = 5.02 \text{ W}$$

(3) 管耗 P_C 和最大管耗 P_{CM}：

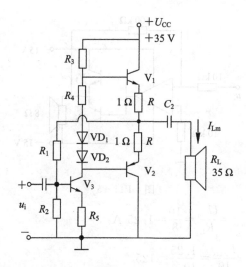

图　P11-6

$$P_{C1} = P_{C2} = \frac{1}{2}(P_E - P_o) = \frac{1}{2}(5.02 - 3.54) = 0.74 \text{ W}$$

$$P_{CM} = 0.2 P_{om} = 0.2 \times \frac{1}{2} \times \frac{\left(\frac{1}{2}U_{CC}\right)^2}{R_L} = 0.875 \text{ W}$$

（4）功放的效率 η：

$$\eta = \frac{P_o}{P_E} = \frac{3.54}{5.02} = 70.5\%$$

11-11　电路如图 P11-7 所示，已知 $U_{BE} = 0.7$ V，忽略晶体管饱和压降（$U_{CES} = 0$）。

（1）计算 I_{C1Q} 和 U_{C1Q}；

（2）计算负载 R_L 可能得到的最大交流功率 P_{om}；

（3）S 闭合后，判断电路引入何种反馈；

（4）计算深度负反馈条件下的闭环电压增益 A_{uf}，以及为得到最大交流输出功率，输入电压 u_i 的幅度。

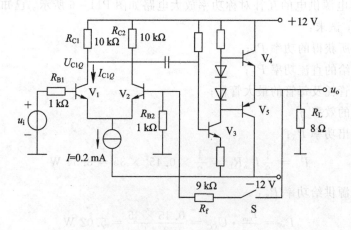

图　P11-7

解 (1) 由于 V_1、V_2 构成差动放大电路，恒流源电流已知，故

$$I_{C1Q} = \frac{1}{2}I = 0.1 \text{ mA}$$

$$U_{C1Q} = U_{CC} - I_{C1Q} \cdot R_{C1} = 12 - 0.1 \times 10 = 11 \text{ V}$$

(2) 最大输出功率 P_{om}：

$$P_{om} = \frac{1}{2} \times \frac{U_{CC}^2}{R_L} = \frac{1}{2} \times \frac{12^2}{8} = \frac{144}{16} = 9 \text{ W}$$

(3) S 闭合后，电路引入串联电压负反馈。

(4) 由于 $AF \gg 1$，净输入电压 $U_i' = 0$，所以 $U_i = U_f$。

又因为

$$\frac{U_o}{R_f + R_{B2}} = \frac{U_f}{R_{B2}}, \quad \frac{U_o}{U_f} = \frac{R_f + R_{B2}}{R_{B2}} = \frac{9+1}{1} = 10$$

故

$$A_{uf} = \frac{U_o}{U_i} = \frac{U_o}{U_f} = 10$$

因为 $U_{CES} = 0$，所以

$$U_{om} = U_{CC} = 12 \text{ V}$$

$$U_{im} = \frac{U_{om}}{A_{uf}} = \frac{12}{10} = 1.2 \text{ V}$$

11-12 什么叫热阻？说明功率放大器为什么要用散热片？

解 热的传导路径称为热路，描述热传导阻力大小的物理量称为热阻。因为金属的传热性能好，即热阻小，所以为了减小散热阻力，改善散热条件，功率放大器通常采用加散热片的方法。

11-13 从功率器件的安全运行考虑，可以从哪几方面采取措施？

解 要保证功放管集电极电流小于 I_{CM} 和管子的功耗小于 P_{CM}，另外反向工作电压要小于一次击穿电压 $U_{(BR)CEO}$ 外，还要避免进入二次击穿区。

11-14 与功率 BJT 相比，VMOSFET 突出的优点是什么？

解 (1) 输入阻抗大，所需驱动电流小，功率增益高。

(2) 温度稳定性好，漏极电阻为正温度系数，当器件温度上升时，电流受到限制，不可能产生热击穿，也不可能产生二次击穿。

(3) 没有 BJT 管的少子存储问题，加之极间电容小，所以开关速度快，适合高频工作（工作频率达几百千赫甚至于几兆赫）。

第十二章　电源及电源管理

12.1　基本要求及重点、难点

1. 基本要求

（1）理解直流稳压电源的基本组成框图。

（2）了解半波整流、全波整流、桥式整流以及倍压整流的工作原理及特点。

（3）了解常用滤波电路；掌握桥式整流及滤波电路的分析、计算。

（4）掌握线性稳压电路的工作原理及其分析、计算；理解集成三端稳压器的工作原理及其基本应用电路。

（5）了解开关式稳压电路的组成和工作原理（重点了解开关电源提高效率、减小体积的原理）；了解各种集成开关稳压器。

2. 重点、难点

重点：线性稳压电路的工作原理、分析、计算及集成三端稳压器的基本使用。

难点：开关稳压电源的原理分析。

12.2　习题类型分析及例题精解

电源电路的习题类型主要有以下几种：

（1）整流电路：负载两端的平均电压、平均电流及整流元件上的整流电流的计算。

（2）滤波电路：电容滤波电路负载两端的平均电压的计算，以及调整管功耗计算等。

（3）稳压电路：串联型稳压电路的输出电压 U_o 的计算，以及调整管功耗计算等。

（4）集成稳压电路：集成三端稳压器的型号与输出电压的关系，及其组成的扩压电路和扩流电路的原理。

（5）开关型稳压电路的组成及特点。

以下举例说明。

【例12-1】　图12-1所示整流滤波电路中，已知变压器副边交流电压有效值为10 V，滤波电容 C 足够大。判断下列情况下输出电压平均值 U_o 的值：

（1）正常工作时；

（2）滤波电容 C 开路时；

（3）有滤波电容 C，但负载电阻 R_L 开路时；

（4）整流二极管 VD_2 和滤波电容 C 同时开路时；

（5）整流二极管 VD_2 接反时对电路有何影响？

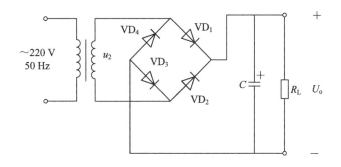

图 12-1 整流滤波电路

解 （1）电路正常工作时，有

$$U_{\text{o}} = 1.2U_2 = 12 \text{ V}$$

（2）当滤波电容 C 开路时，该电路变为桥式全波整流电路，有

$$U_{\text{o}} = 0.9U_2 = 9 \text{ V}$$

（3）有滤波电容 C，但负载电阻 R_{L} 开路，所以

$$U_{\text{o}} = \sqrt{2}U_2 = 14 \text{ V}$$

（4）二极管 VD_2 和滤波电容 C 同时开路时，该电路变为单相半波整流电路，有

$$U_{\text{o}} = 0.45U_2 = 4.5 \text{ V}$$

（5）整流二极管 VD_2 接反时，变压器输出有半周被短路，会引起整流二极管 VD_1、VD_2 元器件损坏，变压器副边也可能被烧坏。

（6）若要求 $U_{\text{o}} = -24 \text{ V}$，则桥式整流中的四个二极管均应反接，同时滤波电容 C 的极性也要反过来接。

12.3　练习题及解答

12-1　直流电源通常由哪几部分组成？各部分的作用是什么？

解　直流电源通常由电源变压器、整流电路、滤波电路和稳压电路等组成。

电源变压器将电网电压(220 V、50 Hz)变换为所需的交流电压值；整流电路将变压器次级交流电压转换为单向脉动的直流电压；滤波电路是将整流后的波纹滤除，得到较为平滑的直流电压；稳压电路是将不稳定的直流电压变成稳定的直流电压，使其不受电网电压波动、负载电阻变化以及环境温度变化等的影响。

12-2　在变压器副边电压相同的条件下，比较桥式整流滤波电路与半波整流电路的性能，回答以下问题：

（1）输出直流电压哪个高？

（2）若负载电流相同，则流过每个二极管的电流哪个大？

（3）每个二极管承受的反压哪个大？

（4）输出纹波哪个大？

解　（1）桥式整流电路高。

（2）半波整流电路大。

(3) 半波整流电路大。

(4) 半波整流电路大。

12-3 采用 5 V 三端稳压器 7805/7905 的双路电源如图 P12-1 所示。

(1) 判断该整流电路的类型。

(2) 要求整流输出电压为 $U_{o1}=10$ V，请问变压器的副边电压 U_1 的有效值应为多少？

变压比 $n=\dfrac{N_1}{N_2}$ 为多少，每个二极管的击穿电压 U_{BR} 必须大于多少？

(3) 输出电压 U_o、U_o' 各等于多少？

(4) 要求负载电流 $I_L=50$ mA，求三端稳压器的功耗 P_C。

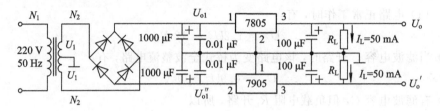

图 P12-1

解 (1) 整流电路为全波整流电路，可同时输出正、负两路直流电压。

(2) 因为 $U_{o1}=1.2U_1$，所以

$$U_1=\frac{U_{o1}}{1.2}=8.3 \text{ V}$$

变压比

$$n=\frac{N_1}{N_2}=\frac{220}{8.3}=26.5$$

$$U_{BR} \geqslant 2\sqrt{2}U_1=23.5 \text{ V}$$

(3) 因为稳压电路采用的是集成稳压器，所以 $U_o=5$ V，$U_o'=-5$ V。

(4) $$P_C=(U_{o1}-U_o)\cdot I_L=5\times0.05=0.25 \text{ mW}$$

12-4 整流及稳压电路如图 P12-2 所示。

(1) 整流器类型是什么？整流器输出电压约为多少？

(2) 要求整流二极管击穿电压 U_{BR} 为多少？

(3) 若负载电流 $I_L=100$ mA，LM7812 的功耗 P_C？

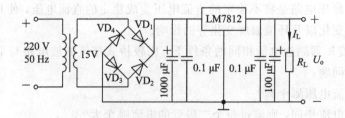

图 P12-2

解 (1) 整流类型为桥式整流电路，$U_{o1}=1.2U_1=1.2\times15=18$ V。

(2) $U_{BR}=\sqrt{2}U_1=1.41\times15=21.2$ V。

(3) $P_C=(U_{o1}-U_o)I_L=(18-12)\times0.1=6\times0.1=0.6$ W。

12-5　请根据应用场合选择最恰当的电源类型，并说明理由(填线性稳压器、低压差稳压器、开关电源、稳压管、基准源)。

(1) 将锂电池电压(3.7~4.2 V)降至 3.3 V，为数字逻辑器件供电，应选择_____。

(2) 便携式计算机、平板电视的电源，应优先考虑采用_____。

(3) 为运放提供 12 V/10 mA 电源供电，为降低成本可选择_____。

(4) 产生精密的 5.000 V 参考电压，应选择_____。

(5) 电子捕蝇器中，将 6 V 电池的电压升至 3 kV，应选择_____。

(6) 智能手机中，从锂电池(3.7~4.2 V)降压，为 CPU 提供 1.8 V/1 A 的内核电压，应选择_____。

(7) LED 手电筒中，为了延长电池寿命，驱动 LED 应该选用_____。

解　(1) 低压差稳压器，因为允许压差最小，一般只有 400 mV。(2) 开关电源，因为其体积小、效率高。(3) 线性稳压器，因为其电流不大、成本低。(4) 基准源，以满足精密参考电压之需求。(5) 开关电源，因为只有开关电源能升压。(6) 开关电源，因为其效率高、体积小。(7) 开关电源，因为其效率高、体积小，既可降压又可升压。

12-6　某电源电路如图 P12-3 所示，假设运放是理想的，且输入电压 U_i 足够高。

(1) 标出运放 +/- 输入端以及三极管发射极箭头，使负反馈成立。

(2) 计算输出电压 U_o 的范围。

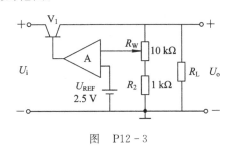

图　P12-3

解　(1)

(2)
$$F_u = \frac{U_f}{U_o} = \frac{R_2 + \alpha R_W}{R_W + R_2} (0 < \alpha < 1)$$

$$U_o = \frac{U_{REF}}{F_u} = U_{REF}\left(1 + \frac{R_W}{R_2}\right) = 2.5 \text{ V} \sim 27.5 \text{ V}$$

$$\alpha = 0, U_{omax} = 2.5\left(\frac{11}{1}\right) = 27.5 \text{ V}$$

$$\alpha = 1, U_{omax} = 2.5\left(\frac{11}{11}\right) = 2.5 \text{ V}$$

12-7　AD584 是一款高性能基准源 IC，其内部等效电路及应用如图 P12-4 所示，计算 S_1、S_2 和 S_3 分别闭合以及全部断开时的输出电压值。

解　(1) S_1 闭合，相当于电阻 R_1 被短路。输出电压值为

$$U_- = \frac{6}{24}U_o, \quad U_- = U_+ = 1.25 \text{ V}, \quad U_o = \frac{1.25 \times 24}{6} = 5 \text{ V}$$

(2) S_2 闭合，相当于电阻 R_2 被短路。输出电压值为

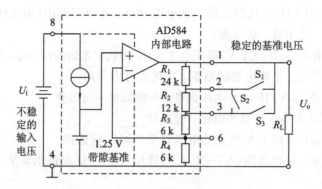

图 P12-4 AD584 内部电路及典型应用

$$U_- = \frac{6}{36}U_o, \quad U_- = U_+ = 1.25 \text{ V}, \quad U_o = \frac{1.25 \times 36}{6} = 7.5 \text{ V}$$

（3）S_3 闭合，相当于电阻 R_1 和 R_2 被短路，输出电压值为

$$U_- = \frac{6}{12}U_o, \quad U_- = U_+ = 1.25 \text{ V}, \quad U_o = \frac{1.25 \times 12}{6} = 2.5 \text{ V}$$

（4）S_1、S_2 和 S_3 全部断开，相当于四个电阻 $R_1 \sim R_4$ 全部接入电路。输出电压值为

$$U_- = \frac{6}{48}U_o, \quad U_- = U_+ = 1.25 \text{ V}, \quad U_o = \frac{1.25 \times 48}{6} = 10 \text{ V}$$

12-8 MC34063 为一款常用的开关电源芯片，配合少量的外围元件即可搭建开关电源。图 P12-5 给出了 MC34063 芯片内部的等效电路，配合外部元件构成了某种开关电源，试分析电路并回答问题。

（1）画出该开关电源的拓扑结构，并分析电路的工作原理及工作过程（至少分析说明开关过程及反馈过程）。

（2）依图中标注参数计算输出电压。

（3）如何减小输出电压纹波，试举出两种可行方案。

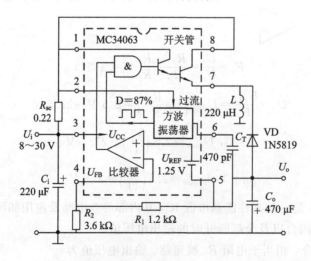

图 P12-5

解 （1）该开关电源的拓扑结构如图 P12-5′所示，可见是负压型（Inverting）拓扑结构。

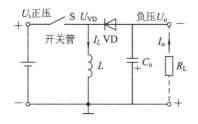

图 P12-5′

电路的开关过程：在开关管导通时间，电流经过开关 S、电感 L 构成回路，电感电流 I_L 上升，电感储能；当开关管断开时，电感电流 I_L 不能突变，导致二极管 VD 导通，电流流经电感 L、二极管 VD、输出电容 C_o 构成回路，在输出电容得到负电压输出。

电路的反馈过程：当 R_1 两端电压略高于 U_{REF} 时，运放"—"端高于"+"端，比较器输出低电平，与门输出始终为 0，即开关管关断，使能量搬移的过程停止，输出电容 C_o 的电压在负载放电作用下自然下降，使 R_1 两端电压下降；反之，当 R_1 两端电压略低于 U_{REF} 时，比较器输出高电平，开关管周期性导通，使电容 C_o 的电压升高，即最终反馈结果是 R_1 两端电压保持在 U_{REF} 附近很小的范围内。

（2）依图中标注参数计算输出电压。注意 U_{REF} 负端接在输出端，由上述反馈分析可知：

$$-U_o\left(\frac{R_1}{R_1+R_2}\right)=U_{REF}, \quad 即\ U_o=-U_{REF}\left(1+\frac{R_2}{R_1}\right)=-1.25\times\left(1+\frac{3.6}{1.2}\right)=-5\ V$$

（3）为减小输出电压纹波，可采用的方案有：提高开关频率，或加大输出电容量，或增加二级 LC 滤波等。

12-9　图 P12-6 是采用 AD584 作为电压基准的恒流源电路，求输出电流 I_o 为多少？

解
$$U_+=\frac{R_2}{R_1+R_2}\times 10=\frac{9}{10}\times 10=9\ V$$

$$U_+=U_-=U_{Rs}=9\ V$$

$$I_o=I_s=\frac{U_{Rs}}{R_s}=\frac{9}{0.2}=45\ mA$$

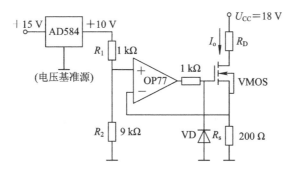

图　P12-6

附　　录

模拟试题(一)

一、填空(每空 1 分，共 20 分)

1. 半导体中的扩散电流主要与_____有关。

2. 晶体管放大器三种基本组态中，功率放大倍数最大的是_____组态电路，输入阻抗最小的是_____组态电路，输出阻抗最小的是_____组态电路。

3. NPN 管共射放大电路的集电极输出电压 u_o 产生如图 F1-1(1)所示的失真，该电路发生了_____失真，为了消除该失真，工作点应_____(上移/下移)。

4. 如图 F1-1(2)所示，晶体管处于放大状态，电流测量结果如图所示，此晶体管为_____型 (NPN/PNP)，其电流放大系数 $\bar{\beta}$ 约为_____。

图　F1-1(1)　　　　　　　　　　图　F1-1(2)

5. 电路如图 F1-1(3)所示，稳压管的稳定电压 $U_Z = 6$ V，则输出电压 $U_o =$ _____V，稳压管的电流 $I_Z =$ _____mA。

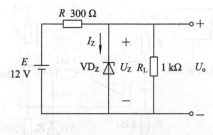

图　F1-1(3)

6. f_T 称为晶体管的_____频率，它表示 $|\beta(j\omega)|$ 下降到_____所对应的频率。

7. 已知某放大器的频率特性表达式为 $A(jf) = \dfrac{1000}{10 + j\dfrac{f}{10^4}}$，则该放大器的中频增益

$A_{u1} =$ _____，上限频率 $f_H =$ _____Hz。

8. 图 F1-1(4)(a)中引入_____反馈；图 F1-1(4)(b)中引入_____反馈。

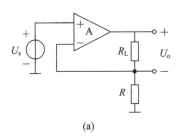

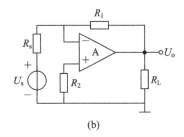

(a)　　　　　　　　(b)

图　F1-1(4)

9. 已知差分放大器的输入电压 $u_{i1}=500$ mV，$u_{i2}=490$ mV，差模放大倍数 $A_{ud}=100$，共模抑制比 $K_{CMR}=100$ dB，则该放大器的差模输出电压为_____，共模输出电压为_____。

10. 有源滤波器电路如图 F1-1(5) 所示，该电路的滤波特性是_____。

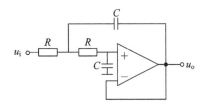

图　F1-1(5)

11. 某放大器空载输出电压为 2 V，接入 4 kΩ 负载电阻后，输出电压为 1 V，该放大器输出电阻为_____。

二、(10 分) 电路如图 F1-2 所示，S_1 和 S_2 为开关。为了实现 $u_o=4u_{i1}-5u_{i2}$，试确定 S_1 和 S_2 的状态(打开或关闭)及电阻 R_3 和 R_4 的数值。

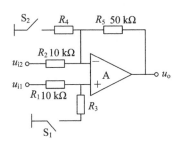

图　F1-2

三、(12 分) 理想运放电路如图 F1-3 所示，分别计算图(a)电路中的 U_o、图(b)电路中的 U_E 和 I_{out}。

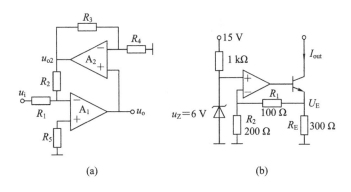

(a)　　　　　　　　(b)

图　F1-3

四、(12 分)电路如图 F1 - 4 所示，输入信号 $u_i = 5 \sin\omega t (\text{V})$，分别指出图(a)和图(b)电路的功能，画出 u_{o1} 和 u_{o2} 的波形，并标出波形的幅度值。

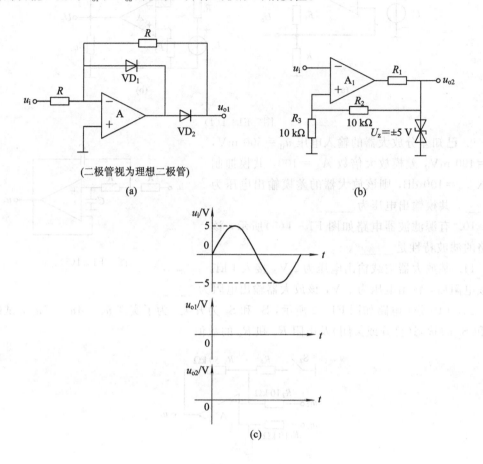

(二极管视为理想二极管)

(a)

(b)

(c)

图　F1 - 4

五、(10 分)晶体管放大器如图 F1 - 5 所示，设 β 和 r_{be} 已知。当开关 S 分别接到 a 端和 b 端时，写出中频电压放大倍数 A_{u1} 和负载电容 C_L 引起的上限频率 f_H。

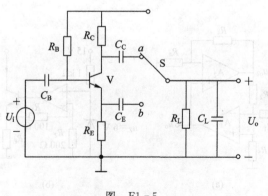

图　F1 - 5

六、(12分)电路如图F1-6所示,已知 $U_{BE(on)} = 0.7$ V,试判断图中电路的工作状态,并计算晶体管的 I_{CQ} 和 U_{CEQ},及场效应管的 I_{DQ} 和 U_{DSQ}。

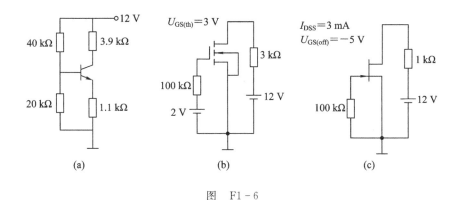

图 F1-6

七、(12分)放大电路如图F1-7所示,图中电容 C 对交流信号可视为短路,晶体管的导通电压 $U_{BE(on)} = 0.7$ V,$\beta = 100$,$r_{be} = 3$ kΩ。

(1) 求电流源的参考电流 I_r。若要求 $I_0 = 2$ mA,求 R_4。

(2) 当开关 S→a 时,计算开环电压放大倍数 $A_u = \dfrac{U_o}{U_i}$。

(3) 当开关 S→b 时,判断负反馈类型,利用深反馈条件计算闭环增益 A_{uf}。

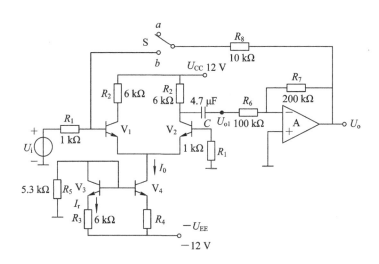

图 F1-7

八、(12分)理想运放电路如图F1-8所示,其中两个稳压管的稳定电压 $U_z = 6$ V,场效应管 V_T 用作开关,其 $U_{GS(off)} = -3$ V。

(1) 说明运放 A_1 构成何种功能电路,画出其输出电压 u_{o1} 的波形;

(2) 分别求出开关管 V_T 导通(闭合)和截止(打开)时 A_2 的输出电压 u_{o2},并画出与 u_{o1} 对应的 u_{o2} 波形;

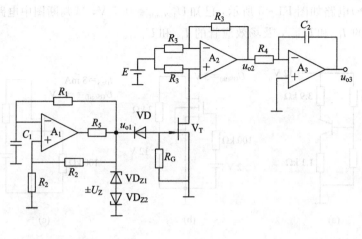

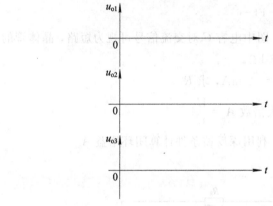

图 F1－8

（3）运放 A_3 构成何种功能电路，定性画出与 u_{o2} 对应的 u_{o3} 波形（设电容 C_2 的初始电压为 0 V）。

模拟试题(二)

一、填空(每空 1 分，共 20 分)

1. 在杂质半导体中，多子的浓度主要决定于_____。

2. 测得常温下二极管两端电压 $U_D = 0.6$ V，流过二极管电流 $I_D = 1$ mA，该二极管的直流电阻 $R_D =$ _____ Ω，交流电阻 $r_D =$ _____ Ω。

3. 某单级放大器如图 F2-1(1)所示，其中 $R_i = R_o = 2$ kΩ，开路电压放大倍数 $A_{uo} = -100$，由该放大器组成如图 F2-1(2)所示的两级放大器，则中频电压增益 $A_{ui} = \dfrac{U_o}{U_i} =$ _____，若 $C_L = 1000$ pF，由 C_L 决定的 $\omega_H =$ _____。

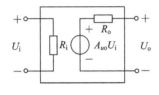
图 F2-1(1)

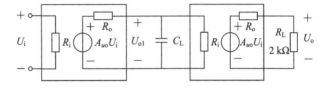
图 F2-1(2)

4. 场效应管转移特性如图 F2-1(3)所示，该管为_____沟道_____型场效应管。

5. 为了减小输入电阻并使输出电流稳定，应对放大器施加_____反馈；为减小放大器负载电容 C_L 产生的频率失真，应引入_____反馈。

6. 用晶体管三种基本组态放大器构成二级放大电路，若希望带负载能力强，且输出电压与输入电压相位相反，可采用_____-_____组合电路。若信号源为电流源，且输出信号与输入信号相位相反，可采用_____-_____组合电路。

7. 测得放大状态下晶体管三个电极电位分别为 1 V、4.7 V 和 5 V，则该管子的类型是_____(NPN/PNP)_____(硅/锗)管。

8. 有源滤波电路如图 F2-1(4)所示，该电路实现_____滤波特性；为了从输入信号中取出高于 200 Hz 的频率分量应采用_____滤波电路。

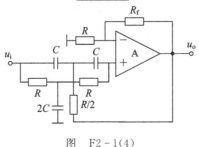
图 F2-1(4)

9. 直流稳压电源如图 F2－1(5)所示，补画出图中桥式整流器的另外两个二极管。若整流滤波器的输出电压 U_i＝18 V，则输出电压 U_o＝_____，7815 的功耗为_____。

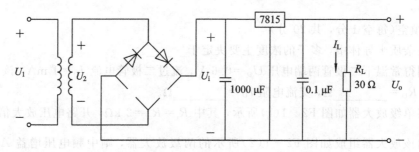

图　F2－1(5)

二、(16 分)差动放大器电路如图 F2－2 所示，已知晶体管的导通电压 $U_{BE(ON)}$ ＝ 0.6 V，$\beta = 100$，$r_{be} = 1.5\ k\Omega$。

(1) 分别计算图中 I_r、I_o、I_{C1Q}、U_E 和 U_{CE1Q}；

(2) 计算差模输入电阻 R_{id} 和输出电阻 R_{od}；

(3) 计算差模电压增益 A_{ud}。

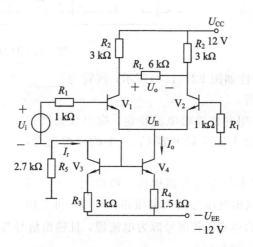

图　F2－2

三、(18 分)理想运算放大器电路如图 F2－3 所示(二极管视为理想二极管)。

(1) 指出图 F2－3(1)、图 F2－3(2)和图 F2－3(3)中电路各完成何种功能；

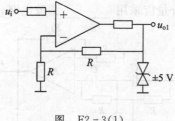

图　F2－3(1)

(2) 根据图中所示 u_i 波形，画出图 F2－3(1)和图 F2－3(2)中输出电压 u_{o1} 和 u_{o2} 的波形，并标出波形的幅度值；

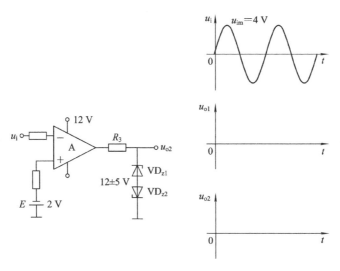

图 F2-3(2)

(3) 画出图 F2-3(3)中电压 u_c 和 u_{o3} 的波形,并标出波形的幅度值。

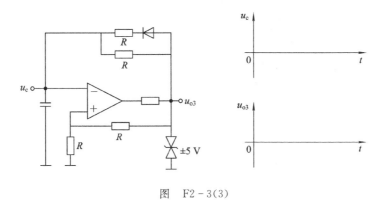

图 F2-3(3)

四、(20分)理想运算放大器电路如图 F2-4(1)和图 F2-4(2)所示。

(1) (10分)求图 F2-4(1)中 $A(j\omega) = \dfrac{U_o}{U_i}$。画出 $|A(j\omega)|$ 的渐近波特图。

(2) (10分)如图 F2-4(2)所示电路可以作为温度计,其中 R_t 为热敏电阻,ΔR 表示温度变化时阻值 R_t 的变化量。求证:输出电压与 ΔR 成正比。

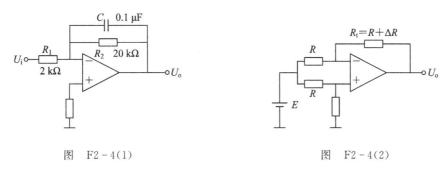

图 F2-4(1)   图 F2-4(2)

五、(12分)两级放大电路如图 F2-5 所示,要求输出电压稳定,输入阻抗增大,则

(1) 应引入何种类型的反馈?

(2) 在图中正确连线，以实现所要求的反馈放大器电路。

(3) 若满足深反馈条件，试写出闭环放大倍数 $A_{uf}=\dfrac{U_o}{U_i}$ 的表达式。

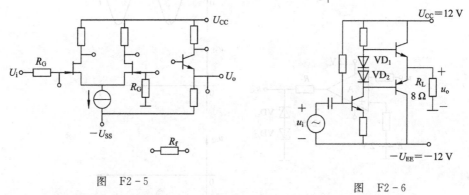

图 F2-5

图 F2-6

六、(12 分)互补跟随乙类功率放大器电路如图 F2-6 所示(设晶体管饱和压降为 0 V)。

(1) 求该电路可产生的最大输出功率 P_{om}；

(2) 每个管子承受的最大反压为多少？

(3) VD_1、VD_2 的作用是什么？

(4) 求该电路的最大效率 η_{max}。

七、(12 分)理想运放构成的电路如图 F2-7 所示(设电源电压为 ±15 V)。

(1) 指出图中各级电路分别完成何种功能；

(2) 若输入 $u_i=0.8\sin\omega t$(V)正弦波，试定性画出 u_{o1}、u_{o2} 及 u_o 的波形(电容电压初始值 $u_C(0)=0$ V)。

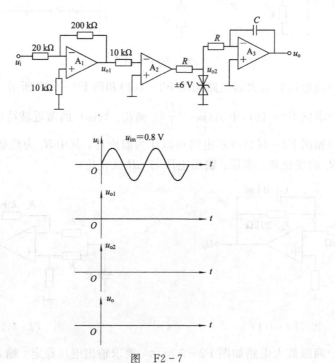

图 F2-7

模拟试题(一)答案

一、1. 浓度差(或浓度梯度);

2. CE(共射),CB(共基),CC(共集);

3. 截止,上移;   4. NPN,50;

5. 6,14;   6. 特征,1;

7. 100,10^5;   8. 串联电流负,并联电压负;

9. 1 V,0.495 mV;

10. 低通;

11. 4 kΩ。

二、设 S_1、S_2 断开,则 $u_o = 6u_{i1} - 5u_{i2}$。因为 $6u_{i1} > 4u_{i1}$,所以 S_2 应断开,S_1 闭合。又因为

$$u_o = \frac{u_{i1}}{R_1 + R_3} R_3 \cdot \frac{R_5 + R_2}{R_2} - 5u_{i2} = 4u_i - 5u_{i2}$$

所以

$$R_3 = 20 \text{ k}\Omega$$

三、对图(a):

$$
\begin{cases}
\dfrac{u_o}{R_4} = \dfrac{u_{o2}}{R_3 + R_4} & \quad ① \\[2mm]
\dfrac{u_i}{R_1} = -\dfrac{u_{o2}}{R_2} & \quad ②
\end{cases}
$$

由②得 $u_{o2} = -\dfrac{R_2}{R_1} u_i$ 并代入①得

$$u_o = -u_i \frac{R_2}{R_1} \cdot \frac{R_4}{R_3 + R_4}$$

对图(b):

$$\frac{U_E}{R_1 + R_2} R_2 = u_- = u_+ = 6 \text{ V}$$

$$U_E = \frac{6}{R_2}(R_1 + R_2) = 9 \text{ V}$$

$$I_{out} = I_c \approx I_E = \frac{U_E}{R_E /\!/ (R_1 + R_2)} = \frac{9}{150} = 60 \text{ mA}$$

四、(1) 图(a)所示电路为精密半波整流电路,图(b)所示电路为反相输入的迟滞比较器。

(2) 图(a)中,$u_i > 0$,VD_1 导通,VD_2 截止,$u_{o1} = 0$;$u_i < 0$,VD_1 截止,VD_2 导通,$u_{o1} = -u_i$。

图(b)中,上门限 $U_{TH} = 2.5$ V,下门限 $U_{TL} = -2.5$ V,$u_{oH} = 5$ V,$u_{oL} = -5$ V。

(3) u_{o2} 的波形如图 F1-4' 所示。

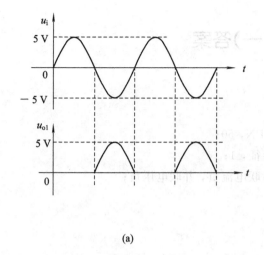

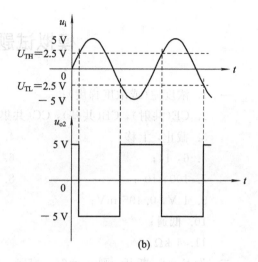

(a)

(b)

图 F1 - 4′

五、S 接 a 端：

$$A_{uI} = -\frac{\beta R_C /\!/ R_L}{r_{be} + (1+\beta)R_E}, \quad f_H = \frac{1}{2\pi R_C /\!/ R_L \cdot C_L}$$

S 接 b 端：

$$A_{uI} = \frac{(1+\beta)(R_E /\!/ R_L)}{r_{be} + (1+\beta)(R_E /\!/ R_L)}, \quad f_H = \frac{1}{2\pi R_o' C_L}, \quad R_o' = R_o /\!/ R_L = R_E /\!/ \frac{r_{be}}{1+\beta} /\!/ R_L$$

六、对图(a)：

$$I_{EQ} \approx \frac{\dfrac{12}{40+20} \times 20 - U_{BE(on)}}{1.1} = 3 \text{ mA}, \quad u_{CEQ} = 12 - (3.9+1.1) \times 3 < 0$$

因此，晶体管工作于饱和状态，

$$U_{CEQ} = U_{CES} = U_{BE(on)} = 0.7 \text{ V} \quad (U_{CES} \leqslant U_{BE(on)} \text{ 都对})$$

$$I_{EQ} \approx I_{CQ} = \frac{12 - U_{CES}}{3.9 + 1.1} = 2.26 \text{ mA} \quad (\text{或} \approx 2.4 \text{ mA})$$

对图(b)：

因为 $u_{GSQ} = 2 \text{ V} < U_{GS(th)} = 3 \text{ V}$，所以场效应管工作于截止状态，$I_{DQ} = 0$，$u_{DSQ} = 12 \text{ V}$。

对图(c)，$u_{GSQ} = 0$，所以 $I_{DQ} = I_{DSS} = 3 \text{ mA}$，$u_{DSQ} = 12 - 1 \times 3 = 9 \text{ V}$。

因此

$$u_{DG} = 9 - 0 = 9 \text{ V} > |U_{GS(off)}| = 5 \text{ V}$$

故场效应管工作于放大区(或恒流区)。

七、(1)
$$I_r = \frac{0 - (-U_{EE}) - U_{BE(on)}}{5.3 + 6} = 1 \text{ mA}$$

因为 $I_r \cdot R_3 = I_0 \cdot R_4$，所以

$$R_4 = \frac{I_r \cdot R_3}{I_0} = 3 \text{ k}\Omega$$

(2)
$$A_{u1} = \frac{u_{o1}}{u_i} = \frac{\beta(R_2 /\!/ R_6)}{2(R_1 + r_{be})} \approx 75$$

$$A_{u2} = -\frac{R_7}{R_6} = -2$$

因此

$$A_u = A_{u1} \cdot A_{u2} \approx -150$$

（3）S 接 b 时，电路引入并联电压负反馈。

因为并联深反馈时 $I_i' = I_i - I_f \approx 0$，所以 $I_i \approx I_f$。

又因为 $I_i \approx \dfrac{u_i}{R_1}$，$I_f \approx -\dfrac{u_o}{R_8}$，则 $\dfrac{u_i}{R_1} \approx -\dfrac{u_o}{R_8}$，故

$$A_{uf} = \frac{u_o}{u_i} \approx -\frac{R_8}{R_1} = -10$$

八、（1）A_1 构成弛张振荡器，u_{o1} 的波形见图 F1-8‴。

（2）V_T 导通，A_2 级电路如图 F1-8′所示。有 $u_{o2} = -\dfrac{R_3}{R_3}E = -E$。

V_T 截止，A_2 级电路如图 F1-8″所示。有 $u_{o2} = -E + 2E = E$。

u_{o2} 的波形如图 F1-8‴。

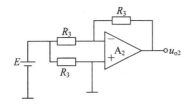

图　F1-8′

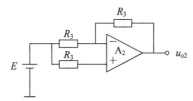

图　F1-8″

（3）运放 A_3 构成反相积分器。与 u_{o2} 对应的 u_{o3} 波形如图 F1-8‴所示。

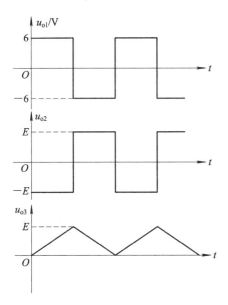

或

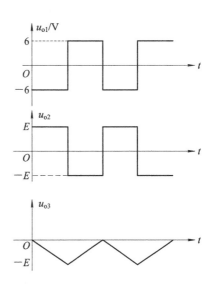

图　F1-8‴

模拟试题(二)答案

一、1. 掺杂度;

2. 600, 26 Ω;

3. 2500, 10^6 rad/s;

4. P, 增强;

5. 并联电流负, 电压负;

6. CE(共射), CC(共集), CB(共基), CE(共射);

7. PNP, 锗;

8. 带阻, 高通;

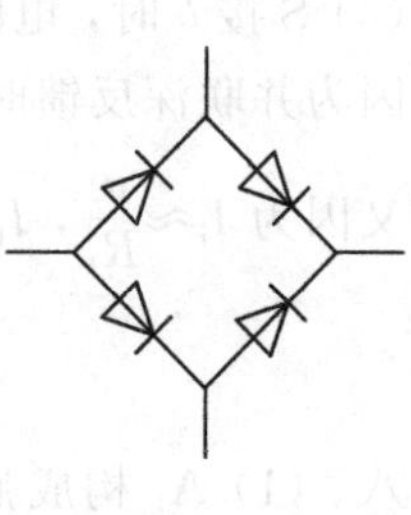

9. 补画的整流器如图 F2 - 1(5′)所示, 15 V, 1.5 W。

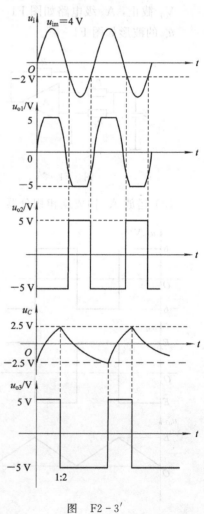

图　F2 - 1(5′)

二、解　(1) $I_r \approx \dfrac{0-(-U_{EE})-U_{BE3(ON)}}{R_3+R_5}$

$$=\frac{12-0.6}{3+2.7}=2 \text{ mA}$$

$I_o \approx I_{E4Q} \approx \dfrac{R_3}{R_4} I_{E3Q} \approx \dfrac{R_3}{R_4} I_r = \dfrac{3}{1.5} \times 2 = 4 \text{ mA}$

$I_{C1Q} \approx I_{E1Q} = \dfrac{I_o}{2} = 2 \text{ mA}$, $U_E = 0 - U_{BE2(ON)}$

$$= -0.6 \text{ V}$$

$U_{CE1Q} = U_{CC} - R_2 \cdot I_{C1Q} - U_E$

$$= 12 - 3 \times 2 + 0.6 = 6.6 \text{ V}$$

(2) $R_{id} = 2(R_1 + r_{be}) = 2(1+1.5) = 5 \text{ k}\Omega$,

$R_{od} = 2R_2 = 2 \times 3 = 6 \text{ k}\Omega$

(3) $A_{ud} = -\dfrac{2\beta\left(R_2 // \dfrac{R_L}{2}\right)}{2(R_1 + r_{be})} = -\dfrac{100 \times (3 // 3)}{1+1.5} = -60$

三、解　(1) 图 F2 - 3(1)同相比例放大器; 图 F2 - 3(b)简单比较器, 图 F2 - 3(3)弛张振荡器。

(2)、(3)输出电压波形如图 F2 - 3′所示。

四、(1) $A(j\omega) = -\dfrac{\dfrac{1}{j\omega C} // R_2}{R_1}$

$$= -\frac{R_2}{R_1} \cdot \frac{1}{1 + j\omega R_2 C}$$

$$= -\frac{10}{1 + j\dfrac{\omega}{500}}$$

图　F2 - 3′

$|A(\mathrm{j}\omega)|$ 的渐近波特图如图 F2-4'所示。

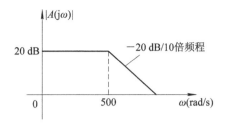

图　F2-4'

（2）$u_{\mathrm{o}}=\dfrac{E}{R+R}R\cdot\dfrac{R+R+\Delta R}{R}-\dfrac{E}{R}(R+\Delta R)$

$\qquad=-\dfrac{E}{2}\dfrac{\Delta R}{R}$

因此 u_{o} 与 ΔR 成正比。

五、（1）应引入串联电压负反馈。

（2）连线见图 F2-5'中粗线所示。

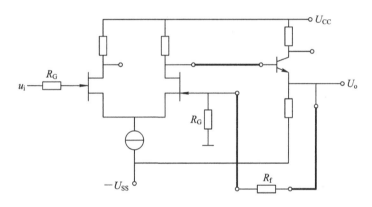

图　F2-5'

（3）$u_{\mathrm{i}}'=u_{\mathrm{i}}-u_{\mathrm{f}}$，又因为满足深反馈条件，所以 $u_{\mathrm{i}}'=0$，且

$$u_{\mathrm{i}}=u_{\mathrm{f}}=\frac{u_{\mathrm{o}}}{R_{\mathrm{G}}+R_{\mathrm{f}}}R_{\mathrm{G}}$$

故

$$A_{uf}=\frac{u_{\mathrm{o}}}{u_{\mathrm{i}}}=1+\frac{R_{\mathrm{f}}}{R_{\mathrm{G}}}$$

六、（1）$P_{\mathrm{om}}=\dfrac{1}{2}\dfrac{u_{\mathrm{om}}^{2}}{R_{\mathrm{L}}}=\dfrac{1}{2}\dfrac{12\times12}{8}=9$ W；

（2）每个管子承受的最大反压为 $U_{\mathrm{CC}}-(-U_{\mathrm{EE}})=24$ V；

（3）$\mathrm{VD_{1}}$、$\mathrm{VD_{2}}$ 的作用是消除交越失真；

（4）$\eta_{\max}=\dfrac{\pi}{4}=78.5\%$。

七、(1) A_1 构成反相比例放大器，A_2 构成过零比较器，A_3 构成反相积分器。

(2) u_{o1}、u_{o2} 及 u_o 的波形见图 F2-7'。

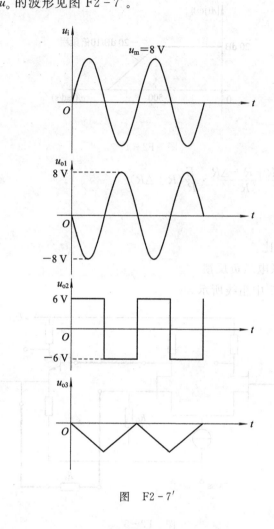

图　F2-7'